2006 ENR "中国承包商60强" 之前10强

(百万人民币 in RMB millions)

排名 Rankings	公司名称 Company Name	总承包营业额 General Contracting Gross Revenue	国内项目 Domestic	国际项目 International
1	中国铁路工程总公司 China Railway Engineering Corporation	126989	120215	6774
2	中国铁道建筑总公司 China Railway Construction Corporation	120726	112516	8210
3	中国建筑工程总公司 China State Construction Engineering Corporation	105121	85368	19753
4	中国交通建设集团有限公司 China Communications Construction Group (Ltd.)	81438	64741	16697
5	中国冶金科工集团公司 China Metallurgical Group Corporation	66750	64446	2304
6	上海建工集团总公司 Shanghai Construction (Group) General Co.	36621	32468	4153
7	北京建工集团有限责任公司 Beijing Construction Engineerin Co.,Ltd(Group)	19311	18918	393
8	浙江省建设投资集团有限公司 Zhejiang Construction Investment Group Co. LTD.	17608	16819	789
9	中国东方电气集团公司 Dongfang Electric Corporation	17500		1564
10	北京城建集团有限责任公司 Beijing Urban Construction Group Co., Ltd.	17392		12

2006 ENR "中国设计商60强" 之前10强

(百万人民币 in RMB millions)

排名 Rankings	公司名称 Company Name	总设计营业额 Design Services Revenue	国内项目 Domestic	国际项目 International
1	中国石化工程建设公司 Sinopec Engineering Incorporation	3770	33770	3769
2	中国水电工程顾问集团公司 China Hydropower Engineering Consulting Group Co.	3581	3505	76
3	中国电力工程顾问集团公司 China Power Engineering Consulting Group Co.	3181	3057	124
4	中国成达工程公司 Chengda Engineering Corporation of China	2666	235	2431
5	上海现代建筑设计（集团）有限公司 Shanghai Xian Dai Architectural Design (Group) Co., Ltd.	1488	1452	371
6	铁道第二勘察设计院 The second Survey & Design Institute of China Railway	1339	1338	0
7	铁道第四勘察设计院 The Fourth Survey and Design Institute of China Railway	1311	1311	0
8	中国水电顾问集团成都勘测设计研究院 Chengdu Hydroelectric Investigation & Design Institute of CHECC	1104	1104	0
9	广东省电力设计研究院 Guangdong Electric Power Design Institute	779	779	0
10	同济大学建筑设计研究院 Architectural Design & Research Institute of Tongji University	707	707	0

欲获"双60强"整体榜单

请访问《工程新闻记录》英文网站：www.enr.com 或《建筑时报》网站：www.jzsbs.com

工作室联系方式：上海市延安东路110号302室（200002）
联系人：李青 丁化 沈琦
电话：021-63214266 传真：021-63214266
电子邮件：top60@sina.com

玻璃、涂料、油漆
PPG的解决方案

国际化的公司
创建于1883年，PPG工业公司广泛涉足涂料、玻璃等化工领域；其年营业额超过100亿美元，名列美国财富500强。PPG在全球设有180多家工厂及科研机构，雇员超过34000名。

世界领先的建筑材料供应商
PPG是世界上最具经验和创新精神的建筑材料供应商之一，提供各种节能型建筑玻璃、性能卓越的金属涂料以及符合环保生态要求的建筑涂料。

建筑表面解决方案的专家
PPG IdeaScapes™ 将产品、人员及服务进行合理的整合，平衡性能、成本和环保等各方面需求，提供最优的建筑表面解决方案。

PPG IdeaScapes™ 以产品、服务和技术满足您对建筑的需求。欲了解更多有关PPG以及我们的建筑材料的信息，请致电（8621）6387 3355 ext. 222或发送电子邮件到yanzhu@ppg.com。

www.ppg.com
www.ppgideascapes.com

左上：新广州白云国际机场（PPG室内建筑涂料）
左中：香港国际金融中心二期（PPG金属涂料）
左下：PPG国际总部，美国宾夕法尼亚州匹兹堡市（PPG玻璃、PPG金属涂料）
中上：香港国际展览及会议中心（PPG玻璃）
右上：上海金茂大厦及君悦酒店（PPG室内建筑涂料）

Ideascapes, PPG和PPG的标志是PPG工业公司的注册商标。

PPG IdeaScapes
玻璃・涂料・油漆

ARCHITECTURAL RECORD

EDITOR IN CHIEF	Robert Ivy, FAIA, *rivy@mcgraw-hill.com*
MANAGING EDITOR	Beth Broome, *elisabeth_broome@mcgraw-hill.com*
DESIGN DIRECTOR	Anna Egger-Schlesinger, *schlesin@mcgraw-hill.com*
DEPUTY EDITORS	Clifford Pearson, *pearsonc@mcgraw-hill.com*
	Suzanne Stephens, *suzanne_stephens@mcgraw-hill.com*
	Charles Linn, FAIA, Profession and Industry, *linnc@mcgraw-hill.com*
SENIOR EDITORS	Sarah Amelar, *sarah_amelar@mcgraw-hill.com*
	Joann Gonchar, AIA, *joann_gonchar@mcgraw-hill.com*
	Russell Fortmeyer, *russell_fortmeyer@mcgraw-hill.com*
	William Weathersby, Jr., *bill_weathersby@mcgraw-hill.com*
	Jane F. Kolleeny, *jane_kolleeny@mcgraw-hill.com*
PRODUCTS EDITOR	Rita Catinella Orrell, *rita_catinella@mcgraw-hill.com*
NEWS EDITOR	David Sokol, *david_sokol@mcgraw-hill.com*
DEPUTY ART DIRECTOR	Kristofer E. Rabasca, *kris_rabasca@mcgraw-hill.com*
ASSOCIATE ART DIRECTOR	Encarnita Rivera, *encarnita-rivera@mcgraw-hill.com*
PRODUCTION MANAGER	Juan Ramos, *juan_ramos@mcgraw-hill.com*
WEB DESIGN	Susannah Shepherd, *susannah_shepherd@mcgraw-hill.com*
WEB PRODUCTION	Laurie Meisel, *laurie_meisel@mcgraw-hill.com*
EDITORIAL SUPPORT	Linda Ransey, *linda_ransey@mcgraw-hill.com*
ILLUSTRATOR	I-Ni Chen
CONTRIBUTING EDITORS	Raul Barreneche, Robert Campbell, FAIA, Andrea Oppenheimer Dean, David Dillon, Lisa Findley, Blair Kamin, Nancy Levinson, Thomas Mellins, Robert Murray, Sheri Olson, FAIA, Nancy B. Solomon, AIA, Michael Sorkin, Michael Speaks, Ingrid Spencer
SPECIAL INTERNATIONAL CORRESPONDENT	Naomi R. Pollock, AIA
INTINTERNATIONAL CORRESPONDENTS	David Cohn, Claire Downey, Tracy Metz
GROUP PUBLISHER	James H. McGraw IV, *jay_mcgraw@mcgraw-hill.com*
VP, ASSOCIATE PUBLISHER	Laura Viscusi, *laura_viscusi@mcgraw-hill.com*
VP, GROUP EDITORIAL DIRECTOR	Robert Ivy, FAIA, *rivy@mcgraw-hill.com*
GROUP DESIGN DIRECTOR	Anna Egger-Schlesinger, *schlesin@mcgraw-hill.com*
DIRECTOR, CIRCULATION	Maurice Persiani, *maurice_persiani@mcgraw-hill.com*
	Brian McGann, *brian_mcgann@mcgraw-hill.com*
DIRECTOR, MULTIMEDIA DESIGN & PRODUCTION	Susan Valentini, *susan_valentini@mcgraw-hill.com*
DIRECTOR, FINANCE	Ike Chong, *ike_chong@mcgraw-hill.com*
PRESIDENT, MCGRAW-HILL CONSTRUCTION	Norbert W. Young Jr., FAIA

Editorial Offices: 212/904-2594. Editorial fax: 212/904-4256. E-mail: rivy@mcgraw-hill.com. Two Penn Plaza, New York, N.Y. 10121-2298. web site: www.architecturalrecord.com. Subscriber Service: 877/876-8093 (U.S. only). 609/426-7046 (outside the U.S.). Subscriber fax: 609/426-7087. E-mail: p64ords@mcgraw-hill.com. AIA members must contact the AIA for address changes on their subscriptions. 800/242-3837. E-mail: members@aia.org. INQUIRIES AND SUBMISSIONS:Letters, Robert Ivy; Practice, Charles Linn; Books, Clifford Pearson; Record Houses and Interiors, Sarah Amelar; Products, Rita Catinella; Lighting, William Weathersby, Jr.; Web Editorial, Randi Greenberg

McGraw_Hill CONSTRUCTION — The McGraw-Hill Companies

This Yearbook is published by China Architecture & Building Press with content provided by McGraw-Hill Construction. All rights reserved. Reproduction in any manner, in whole or in part, without prior written permission of The McGraw-Hill Companies, Inc. and China Architecture & Building Press is expressly prohibited.

《建筑实录年鉴》由中国建筑工业出版社出版，麦格劳希尔提供内容。版权所有，未经事先取得中国建筑工业出版社和麦格劳希尔有限总公司的书面同意，明确禁止以任何形式整体或部分重新出版本书。

建筑实录 年鉴 VOL.3/2006

主编 EDITORS IN CHIEF
Robert Ivy, FAIA, *rivy@mcgraw-hill.com*
赵晨 *zhaochen@china-abp.com.cn*

编辑 EDITORS
Clifford A. Pearson, *pearsonc@mcgraw-hill.com*
率琦 *shuaiqi@china-abp.com.cn*
戚琳琳 *qll@china-abp.com.cn*

新闻编辑 NEWS EDITOR
David Sokol, *david-sokol@mcgraw-hill.com*

撰稿人 CONTRIBUTORS
Jen Lin-Liu, Dan Elsea, Jay Pridmore, Wei Wei Shannon, Andrew Gluckman

美术编辑 DESIGN AND PRODUCTION
Anna Egger-Schlesinger, *schlesin@mcgraw-hill.com*
Kristofer E. Rabasca, *kris_rabasca@mcgraw-hill.com*
Clifford Rumpf, *clifford_rumpf@mcgraw-hill.com*
Juan Ramos, *juan_ramos@mcgraw-hill.com*
冯彝诤
杨勇 *yangyongcad@126.com*

特约顾问 SPECIAL CONSULTANTS
支文军 *ta_zwj@163.com*
王伯扬

特约编辑 CONTRIBUTING EDITOR
孙田 *tian.sun@gmail.com*

翻译 TRANSLATORS
徐迪彦 *diyanxu@yahoo.com*
钟文凯 *wkzhong@gmail.com*
朱荣丽 *zhuzhuwater@126.com*
张 凡 *sukichang@gmail.com*

中文制作 PRODUCTION, CHINA EDITION
同济大学《时代建筑》杂志工作室 *timearchi@163.com*

中文版合作出版人 ASSOCIATE PUBLISHER, CHINA EDITION
Minda Xu, *minda_xu@mcgraw-hill.com*
张惠珍 *zhz@china-abp.com.cn*

市场营销 MARKETING MANAGER
Lulu An, *lulu_an@mcgraw-hill.com*
白玉美 *bym@china-abp.com.cn*

广告制作经理 MANAGER, ADVERTISING PRODUCTION
Stephen R. Weiss, *stephen_weiss@mcgraw-hill.com*

印刷/制作 MANUFACTURING/PRODUCTION
Michael Vincent, *michael_vincent@mcgraw-hill.com*
Kathleen Lavelle, *kathleen_lavelle@mcgraw-hill.com*
Carolynn Kutz, *carolynn_kutz@mcgraw-hill.com*
王雁宾 *wyb@china-abp.com.cn*

著作权合同登记图字：01-2006-2131号

图书在版编目（CIP）数据
建筑实录年鉴. 2006.3/《建筑实录年鉴》编委会编.
北京：中国建筑工业出版社，2006
ISBN 978-7-112-08355-8
Ⅰ.建…Ⅱ.建…Ⅲ.建筑实录—世界—2006—年鉴 Ⅳ.TU206-54
中国版本图书馆CIP数据核字（2006）第138409号

建筑实录年鉴VOL.3/2006

中国建筑工业出版社出版、发行（北京西郊百万庄）
新华书店经销
上海当纳利印刷有限公司印刷
开本：880×1230毫米 1/16 印张：4¾ 字数：200千字
2006年12月第一版 2006年12月第一次印刷
印数：1—10000册
定价：29.00元
ISBN 7-112-08355-9
（15019）

版权所有 翻印必究
如有印装质量问题，可寄本社退换
（邮政编码 100037）
本社网址：http://www.china-abp.com.cn
网上店：http://www.china-building.com.cn

connecting people_projects_products

EN Japanese Brasserie, New York

"能够迅速找到理想的产品，并看到产品在设计项目中的实际应用效果，对我的设计是很重要的。"

Adam Kushner
Kushner Studios, New York
www.kushnerstudios.com

为满足设计师的要求，
麦格劳-希尔建筑信息公司推出
产品信息网

Network® for products

全面，准确，创新，启迪，麦格劳-希尔产品信息网建立在"斯维茨"产品手册百年的历史上，利用互联网为设计师提供简便快捷的产品搜索手段。
世界建材产品集粹及实用案例，尽在手边！

免费登记使用，请速登录
www.networkforproducts.com

McGraw_Hill CONSTRUCTION Network® for products

The McGraw·Hill Companies

ARCHITECTURAL RECORD

建筑实录 年鉴 VOL.3/2006

封面：联邦环境局，
绍尔布鲁赫-赫顿建筑师事务所设计
摄影：Bitter Bredt
右图：太阳伞小屋，皮尤＋斯卡尔帕事务所设计
摄影：Marvin Rand

专栏 DEPARTMENTS

- 7   篇首语 Introduction
  抓住可持续设计之波
  By Clifford A. Pearson and 赵晨
- 9   新闻 News
- 12   图书 Books
- 75   产品 Products

专题报道 FEATURES

- 14   小星球，大创意 Big Ideas for a Little Planet
  By Russell Fortmeyer, John Gendall, and Charles Linn
- 20   中国走向绿色 China Goes Green
  By Daniel Elsea

作品介绍 PROJECTS

- 26   绍尔布鲁赫-赫顿建筑师事务所潇洒处理联邦环境局的可持续性
  Federal Environmental Agency, Germany
  By Suzanne Stephens

- 34   汉沙扬应用其招牌生态气候设计原则于新加坡新国家图书馆
  The National Library, Singapore
  By Clifford A. Pearson

- 44   一座玻璃和钢的塔楼，悬浮于低层的历史性建筑之上——福斯特及合伙人事务所的新作赫斯特大厦首次亮相于曼哈顿 Hearst Tower, New York City
  By Sarah Amelar

- 52   理查德·罗杰斯在威尔士国民议会的设计中以透明性和环境责任为主导价值 National Assembly for Wales, Wales
  By Catherine Slessor

- 58   洪水肆虐以后，佐治亚州的奥尔巴尼小城在建筑师A·普雷多克的协助下完成了城市重建中最重要的一笔：一座河流生态馆，以此纪念当地的水文化 Flint Riverquarium, Georgia
  By Sarah Amelar

- 64   皮尤＋斯卡尔帕事务所给节能的"太阳伞小屋"那现代主义的骨架铺叠上了"工业个性"的丰富质感与色调 Solar Umbrella House, California
  By Deborah Snoonian

建筑技术 ARCHITECTURAL TECHNOLOGY

- 70   缓慢而稳定萌芽的屋顶 Rooftops Slowly, but Steadily, Start to Sprout
  By Joann Gonchar, AIA

您可以在以下网站找到上列文章：www.architecturalrecord.com 或者 www.construction.com

1.位于美国纽约城的赫斯特大厦，福斯特及合伙人事务所设计。摄影：Chuck Choi 2.位于美国马里兰州休特市的国家海洋与大气署莫尔菲锡斯建筑师事务所（Morphosis）设计。摄影：Maxwell Mackenzie

42年的卓越，一直在持续…

垂询及注册登记，请登录网站：
www.construction.com/event/AOE2007/
或与 Cristina Hoepker 联络
电话: 212-904-6390
电邮: cristina_hoepker@mcgraw-hill.com

麦格劳-希尔建筑信息公司和 *ENR*《工程新闻记录》隆重推出
"第42届年度优异贡献奖颁奖典礼"！

ENR 诚邀您参加此群英汇萃的行业盛典，与建筑界名流结识欢聚，
共同为年度风云人物及优异贡献奖摘冠者举杯庆祝。

启迪

社交

进入核心层

2007年3月28日
Marriott Marquis 酒店
纽约市时代广场

风云人物颁奖午宴： 上午11:30
颁奖酒会及晚宴： 晚5:00

connecting people_projects_products

The McGraw-Hill Companies

抓住可持续之波
Catching the sustainable design wave

By Clifford A. Pearson and 赵晨

建筑师与规划师须不仅在建筑中，也在城市中应用绿色设计理念和技术

现在不掏出钱来，将来也得掏。总之这是一个抉择；是中国和世界上任何一个国家着手治理环境的时候所面临的一个共同抉择。当然，如此浩大的一笔支出，人私心里总不免希望把它推脱给将来。可是，推脱给将来就意味着支出必定更为浩大。我们推延得越久，行动得越迟，要整顿被我们弄得一团糟的空气、水和大气层，花销就越是无限止地攀升上去。同时，我们也在冒着一项极大的风险，就是在我们终于能够修复我们的生态系统之前，它早已不堪沉重的污染而崩溃了。

不要说现下无所作为会使得生态系统的修复最终成为不可能，无所作为本身也决计代价不菲。据美联社发布的中国国家环保总局副局长祝光耀的一篇文章称，2005年，污染对中国造成的损失已超过2000亿美元，相当于其国内生产总值的1/10。然而，造成这些污染的单位和个人并不直接为消除污染大掏腰包，他们既不为此向国家交税，也不将此列为自己经费中的一条。结果，还是社会给污染买了单。

近些年来，中国领导人已经开始探讨房屋建造和运作过程中采取绿色技术的必要性。一些相应的法规也已经出台，不过还需亟待完善和更好地落实。随着中国的建设日新月异（2005年全年新增建筑面积20亿m^2），环境质量却在江河日下。在国家环保总局披露的一份报告中，祝副局长使用了"严峻"一词来形容中国当前的环境形势，并称其"再无乐观的余地"。

鉴于此，这一期《建筑实录》中文版所选取的项目尽力展现了建筑师如何将绿色设计贯彻于一系列不同的建筑类型里。它们中有纽约的高层写字楼，有新加坡的高科技图书馆，也有洛杉矶的一所独门独户的民宅。不同的气候条件、不同的规模要求、不同的应对方式，惟一相同的是它们都把可持续设计看成一项整体性的事业，看成是环保的建筑材料、建筑朝向、建筑方法和建成后环保的运作和维护手段的总和。

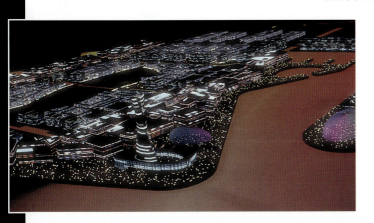

长江口的崇明岛上，东滩将成为第一座生态城市，其土地规划、继承基础设施和建筑设计中将融入绿色设计

但设计绿色建筑只是向远离环境灾难的路上迈出了一小步。我们还要设计和营造绿色交通、绿色城市乃至绿色区域。如果人们非得烧着石油、开着各自的私家车在绿色建筑丛里穿梭，那环境多半也只能变得更糟。要想净化我们的环境，就得让城市和区域里的居民在大多数情况下都依靠公共交通来实现移动。因此，建筑师就要与规划师及政府官员通力合作，使这样的城市和区域早日变为现实。

也正是在这个意义上，东滩卫星城对于中国之未来才显得如此重要。它很快就将崛起在上海市东部的崇明岛上，成为世界上第一个生态城市。这个由奥雅纳事务所（Arup）实施总体规划、上海工业投资集团开发的项目将要采用到的绿色策略数量之多令人惊奇，其中包括通过水资源的收集净化、废物的循环利用、垃圾的填埋缩减以及电力和热力的整合以获取清洁的能源。如果东滩真的实践了其诺言，成为集居住、工作、购物、休闲功能于一体，土地规划、设计、建造和公共交通工程协调共事的环保新城，那么它就为中国乃至整个世界指出了一个新的方向。也许这样的城市造价会较高，可它在将来节省下来的支出却是难以估量的。

今天，人们往往把中国的快速发展同巨大的环境问题划上等号。但是，如果中国改变它的城市设计和建造方式，那它反过来就会成为我们疗治生态危机的一支生力军。

McGraw Hill CONSTRUCTION **China**

The McGraw·Hill Companies

麦格劳-希尔建筑信息公司

Building the Infrastructure for China's Next Century of Air Travel

建设现代民用机场
迎接中国航空运输新纪元

自上世纪90年代以来,中国进入了机场建设的一个蓬勃时期。中国已投入1200亿人民币,新建机场47个,扩建90个。在"十一五"计划中,中国将继续投入1400亿人民币用于机场建设,使国内民用机场数量增至186个。同时,还要通过高科技软件系统、先进的管理方式,加强现代化建设。

时间:**2007年5月15日**
地点:西安凯悦(阿房宫)酒店
拟邀请支持机构:相关政府机关、中国大型机场管理公司、《工程新闻记录》、《国际航空》、《航空周刊》、《建筑实录》

Green Building and Energy Conservation: The Talk, Practice and Performance

绿色建筑和节能:
理论、实践、效果

时间:**2007年8月14日**
地点:上海或杭州(待确定)
拟邀请支持机构:建设部、国家发展改革委员会、地方建委和行业绿色建筑和节能推进协会

China: Next — An Architectural Record China Event

中国:前景

日期:**2007年10月28日,星期三**
地点:上海
主办:《建筑实录》
拟邀请媒体支持:中国主要建筑设计媒体和网站,《商业周刊》中文版

中国2007会议计划

麦格劳-希尔建筑信息公司

有关参会、演讲和赞助机会,请联系
麦格劳-希尔公司商业信息集团中国会展经理 **周朗** 小姐
电话:(8610) 6535-2957 传真:(8610) 6535-2960
电子邮件:lang_zhou@mcgraw-hill.com

新闻 News

万科的一座办公楼漂浮于池面之上，向海景开放

霍尔设计水平塔楼

S·霍尔建筑设计事务所（Steven Holl Architects）为中国万科实业集团在深圳设计的新总部采用了种种新旧设计策略，使其具有最高的LEED（环境与能源先锋奖）认证水平——铂金级。

霍尔的项目被称为"漂浮的地平线"，它把万科集团的办公室和盈利部分都融入一栋建筑中，例如饭店、会议中心、公寓和混合使用的通高仓库式空间。这幢7.7万m²的建筑，在厚实柱子的支持之下距地面10～15m，壮如水平放置的一根长树枝，其较小的分枝则向不同方向发散。霍尔将这一幢四五层高、长度与帝国大厦高度相当的建筑称为"水平的摩天大楼"。

通过提升该建筑物，建筑师们利用它位置近海的优势——让海水在其下方荡漾，提供自然通风，并因此减少了冷却费用。这个被抬高的建筑物还在其下创造出了一个巨大的遮蔽的公共空间，在深圳炎热的气候里带来了舒适惬意。除此之外，设计方案还打开了从基地朝向海洋的视野，使从建筑物里观赏海景的视野达到最大化，并在此过程中增加了地产价值。由建筑物底部延伸出的斜坡将在离地的首层连接饭店大堂，同时在其他入口处，电梯可把来宾们带至建筑的不同部分。

霍尔正同德国气候-工程公司Trans Solar合作，为项目引入一些在中国少见的绿色元素。被抬高的建筑物之下的池塘会帮助基地降温，而深入土地的地热井将提供一种能量来源。雨水被地下室里的水箱收集起来，除了饮用之外被重新利用。在屋顶上，光电电池将把太阳光线转化为电力，以备建筑物内的使用。

"万科集团想让其总部成为他们的方向（朝向绿色建筑）的反映"，S·霍尔的合作者龚侗（Gong Dong）说。"他们想让其成为他们自己和中国的范例。"

当建筑师们把办公室、饭店和住宅放入该架空建筑物里的时候，他们却把会议中心塞入地下。下沉的庭院将会给会议中心带来日光，削减照明费用。

其他竞争委托权的建筑师们把各种各样的功能划分到基地中不同的建筑物里，但霍尔决定把所有核心功能都统一到一栋建筑中以展示出公司更为强大的形象。这样的设计还赋予了万科集团调整分配给各个功能的空间量上的较多灵活性。

此项目于2006年10月破土动工，并预计于2008年9月竣工。

（Jen Lin-Liu 著　张凡 译　孙田 校）

西藏的一所小学以当地材料和低技方法达致绿色设计

当一些中国建筑师们关注主要城市中心的建筑时，王晖已经把他的注意力转移到了西藏自治区。在2005年8月，他的苹果小学，也是他在该地区第一个完成项目，在位于一座4800m高、作为印度教、佛教、耆那教和本土黑教圣地的岗仁波齐峰山脚下的西藏西部城镇阿里开学了。王晖和他位于北京的公司NENO Design使用了简单的建造方法、当地材料和被动日光策略创造出一个对周围环境负责的建筑。

这所1850m²的学校是由今典集团捐资的苹果教育基金所启动的第一个新建项目，有6间教室提供给180名学生，一系列有台阶的庭院沿山边跌落，为每间教室准备了户外空间。建筑师之所以设计庭院，是为了在面向岗仁波齐峰开放时，让庭院的围墙阻止当地的强劲风力。他用混合了当地卵石的混凝土砌块建造了庭院的围墙和建筑。因为在该地区没有电，他把所有的教室定为南向，可以通过日光取暖和照明。

"这个设计最重要的思路来自于我对当地文化和环境的研究，"王晖说。他注意到，虽然季节间和一天内不同时段的天气情况变化非常大，当地人还是乐于在户外活动。即使当气温降至零下20℃或30℃，他发现人们还是坐在户外。

学校发挥了严酷气候下的安全避难所的作用，同时融入到美丽的环境里。从不同建筑物里延伸出来的混凝土块围墙营造出室内空间与学生们可以学习、玩耍和休息的户外空间的有机结构。除了6间教室外，综合体还包括了食堂设施、办公室和孩子们的宿舍。

考虑到学校壮美的环境，王晖说他试着去创造一个尊重自然环境的建筑，并建立自然和人之间积极的关系。他还想在展示他们是如何践行绿色设计原则的同时，把当代建筑形式介绍到圣地。

［侯唯唯(Wei Wei Shannon)　高安祝(Andrew Gluckman) 著　张凡 译　孙田 校］

建筑师王晖通过一系列向阳的台阶式庭院组织小学的空间

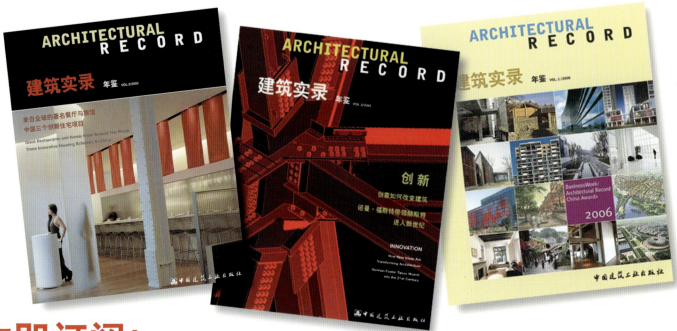

新闻 News

一座7.5万m²的市政大楼将是新松北区的支柱

一项在哈尔滨的设计将减少耗能

极端的气候——漫长寒冷的冬季和酷热的夏季——哈尔滨为建筑师们提出了绿色设计的难题。基斯+卡思卡特（Kiss + Cathcart），这家因其在可持续性设计领域的专长而闻名的纽约建筑事务所，在设计哈尔滨松北区企业服务中心（Enterprise Center）时遇到了挑战。这个7.5万m²的多用途建筑物把市政总部和为小型的、起步期的公司留出的空间联合在一起，将会成为哈尔滨新松北区引人注目的中心——规划师们希望这一目前大部分尚未建设的区域在未来能有250万名居民。

这幢建筑的功能计划要求尖端水平的可持续性设计。"我们在这栋建筑中做的那些事，我们相信在从现在起5年或10年后会成为理所当然的事，"基斯+卡思卡特的创办合伙人之一格雷格·基斯（Greg Kiss）说。

因为建筑基地靠近一条河并且地下水水位高，建筑师们决定使地下水贯穿建筑物循环流动来帮助它降温。与仅依赖空调相比，这一策略耗量较少。基斯+卡思卡特还把热交换器并入到建筑物的机械系统中，保护玻璃表面的遮阳百叶中则有光电电池。光电电池通常在常规电源最昂贵的白天将产生脱网（off-grid）的电能。这幢建筑物还有几处可圈可点，例如一个绿色屋顶和季节性冰库（在冬季冷冻水成冰用于夏季降温）。建筑师们与美国EMSI环境管理咨询有限公司（Environmental Management for Sustainability, Inc）——一个在华盛顿特区、北京和上海都有事务所的可持续发展顾问——共同工作。

这幢建筑的绿色元素可以被称为激进，而它的建筑设计却并非如此。它的委托人——由哈尔滨有关市政要人组成的一个委员会向建筑师们提出的要求是一栋"庄严的"，同时还是可持续性的建筑物。这就和基斯的信念一致："环境或运行（performance）标准不应指挥(drive)设计"。他的公司最后以经典的现代线条建筑物来完成设计：中心部分为9层，两翼6层。

正如建筑师们在他们所有项目中所做的那样，建筑师们对此建筑物总平面的确定恰到好处，以利用被动的日光和风况。为了这个特别的工作，他们把建筑物放在东西方向的轴上，以增加南向采光。他们还创造了一系列中庭空间，最大化了工作空间里的日光，并促进了建筑内的自然通风。

顾及到国家政府号召要环保建筑，哈尔滨的市政官员们在几年前就开始提倡绿色建筑。2005年，私人开发商在哈尔滨完成了一个LEED认证的购物商场。这座城市已为哈尔滨松北区企业服务中心拨出了建设预算，比标准建筑物要高10%～20%。而这个项目的施工开始日期尚未确定。

（Jay Pridmore 著 张凡 译 孙田 校）

体现绿色设计的乡标

经历了最初的延期和种种进行中出现的问题之后，依据生态学智能原则在中国东北的一个村落规划的一期建设接近完成。

威廉·麦克多诺及合伙人事务所（William McDonough+Partners）是一家专长于可持续性设计的美国公司，他们称在辽宁省黄柏峪的"可持续发展示范村"项目中，除了农村基础设施如地下管道和道路以外，另有42户家庭的相关规划设施也已经完工。这个村是依据麦克多诺的"摇篮到摇篮"理念进行设计的，这一理念主张在建设中使用可再生原料，以杜绝废弃物的产生。

麦克多诺先生的规划是把原先分散在大片地区的村民家庭都聚拢到一起，从而减少了必需的筑路和基础设施的数量，并增加了耕地的数量。该建筑事务所设计了用免烧土砖、秸秆和一种特殊的可重复利用的聚苯乙烯来修筑墙壁的房屋。麦克多诺先生还建议在屋顶安装光伏电池来发电，在此工程的北端修建一个生物–燃气设备，这样村民们将拥有对环境无害的做饭和取暖的燃料来源。

麦克多诺及合伙人事务所与同济大学的建筑与城市规划学院和当地的本溪城市规划设计研究院展开合作。由麦克多诺先生和中国科技部副部长邓楠共同担任理事长的中美可持续发展中心于2002年成为了这一工程的领导力量。

由于这个不同寻常的工程需要得到许多层批准，根据麦克多诺及合伙人事务所公关传讯部主任凯尔·库帕斯（Kyle Copas）的说法，建设比开始预期的进度要慢。建筑师们还不得不在他们的最初设计中做些修改，以更好地适合风水原理。《中国日报》曾在6月份的一篇文章中报道，因为一些村民无法负担建房费用，这一工程碰到了困难。该项目的500万元人民币资金主要来自村长代小龙，他同时还是一位成功的商人。麦克多诺先生称他仍忠于该项目，因为黄柏峪是中国农村发展希望的标志，而农村的发展在大量的农村人口移民到城市时往往被忽略了。"黄柏峪项目时有可能被搁置，因为它的规模小，但就它对其他地方的潜在教育意义而言，却是深刻的。"库帕斯说。

（Jen Lin-Liu 著 张凡 译 孙田 校）

黄柏峪项目首批42户家庭的相关规划设施于今年完工

摄影：WILLIAM MCDONOUGH+PARTNERS提供（下图）

多视角展望绿色设计
Looking at green design from a variety of perspectives

图书 Books

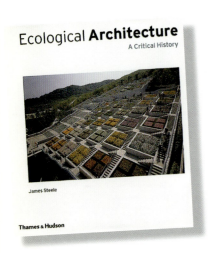

生态建筑：一部批判的历史

(*Ecological Architecture: A Critical History*)，詹姆斯·斯蒂尔（James Steele）著。纽约: Thames & Hudson, 2005年，272 页, 55美元。

詹姆斯·斯蒂尔是一位多产的作者，在过去的10年里他的著作超过了20部：既有权威著作也有引人入胜的书籍，涵盖了从交通到前卫设计的广泛领域。《生态建筑》，一部充满选择和争议的历史，该书将可持续性扩展视为一种"全球性责任的更大的社会经济意识"。它可被视为斯蒂尔的近期工作——包括有关埃及的Hassan Fathy、约旦的Rasem Badran、印度的Balkrishna Doshi，以及当代清真寺的著作——涉及的大部分内容的综合。

在此，斯蒂尔选择了Fathy案例，因为其向他的国家提供了一种可替代国际风格的具有文化底蕴的策略；选择Badran案例，是因其更广泛地支持了Fathy的想法；

选择Doshi案例，则是因其完成了"从勒·柯布西耶向地域性语言的转译"。斯蒂尔关注本土（the vernacular），将其视作生态智慧的一座宝库，他关注伊斯兰世界，缘于"实际的、宗教的、社会的原因"，并迅速重建了与当地的联系。

但传统仅是斯蒂尔的主题之一；另两个主题是技术和都市规划。

斯蒂尔并不将技术和传统视为对立的，他认为二者注定相互关联，因为传统代表着过去数代知识的累积。当提到都市规划和它的未来时，他相信一个以小汽车（或许是电力小汽车）为本的社会存在，工人白天去办公室、晚上返回"宿舍区"，"这比那些新城市主义者对未来的浪漫想像更可信"。

斯蒂尔用了很长的篇幅介绍绿色革命的领导人，以查尔斯·伦尼·麦金托什（Charles Rennie MacKintosh）（作者1994年撰写的一本书的主题）开篇。斯蒂尔将麦金托什视为协调手工艺精神和机器时代的人，"同时结合了苏格兰本土（vernacular)建筑的经验教训。" 斯蒂尔主张，民族主义或者对民族身份的追求，总是与生态思想相关联的。作者在生态框架下，阐述了现代主义建筑的某些方面，其中包括勒·柯布西耶。

在最后一部分，斯蒂尔提供了三种有前途的态度转折："数字化环境"，帮助建筑师发展与自然更接近的建筑形式；"完善自然"，

通过建造克制且尊重自然的建筑物，就如安藤忠雄所做的那样；第三种是绿化城市，就像在洛杉矶发生的那样（对此，斯蒂尔在1998年曾写过一本书）。

但是斯蒂尔是以一种极其悲观的调子结束该书的：

"认同，作为一种与地点有关的联系，不再由传统决定，而日益依赖于图像能力（imageability）——这一电子时代生活变化的遗产，因此，我们最终还是正在远离自然。"

Andrea Oppenheimer Dean评论

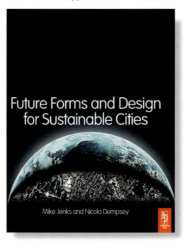

可持续性城市的未来形态和设计

(*Future Forms and Design for Sustainable Cities*)，麦克·詹克斯(Mike Jenks)、尼可拉·登普西(Nicola Dempsey)著。马萨诸塞州伯灵顿（Burlington）: Architectural Press, 2005年,444 页, 35美元。

怎样使城市变得更具可持续性是一个有众多答案的问题，正如可持续性本身有许多定义一样。在这一论文合集中，詹克斯和登普西宽泛地将可持续性城市定义为"经济稳健、社会公平，致力于各方面的环境保护"。该书着眼于全世界范围内当前的可持续思想。

书名中的"未来形态"是指规划和发展的形态。33位供稿者中的大多数来自学术机构，欧洲研究机构占主流。美国读者可能会失望，因为在书的结尾处的研究案例中，仅有寥寥几例来自他们那块地方。诸如贝弗利·威利斯（Beverly Willis）关于公共参与和曼哈顿下城的文章，也缺乏来自被讨论城市的声音。

《未来形态》处理的主题，包括空间概念与城市和区域可持续性的关系、衡量和定义密度的挑战、社会议题（例如工作模式）和可持续发展的资源议题的作用，以及公共政策和空间设计之间的批判性联系。作者们没有提出简单易行的解决方式来创造可持续城市，而是提供了一系列的策略：鼓励与交通联系的"多中心城市形态"；增加密度；设计利用太阳能、新技术和有关生命周期发展知识的建筑，以及建设"可达性好、会引发可持续行为和居民投入"的社区。

《未来形态》的力量蕴含在它的广度之中。当美国设计师和规划师努力探索纯技术之外的解决方式时，该书在人和社会议题方面的研究将给予他们这方面的帮助。

Kira Gould评论

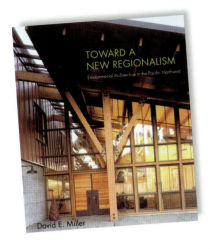

走向新地域主义：位于太平洋西北部的环境建筑（Toward a New Regionalism: Environmental Architecture in the Pacific Northwest），戴维·E·米勒（David E. Miller）著。西雅图：University of Washington Press, 2005年, 174页, 19美元。

这本书最明显的问题，就是它在书名上表露出的雄心呼应着勒·柯布西耶的著名的《走向新建筑》。

米勒的目的是从太平洋西北部的地域建筑中画出一张可持续设计的蓝图。作者主张现代绿色建筑的源泉和发展"在现代主义的基本原则中"，这些原则被西北地区吸收和变通。作者也研究了那些定义西北风格的地理和气候条件。他同等看待西北的木建筑、对地景的夸张使用，以及早期现代主义对光的处理，并称这些特征是"可持续设计的基本砌块"。他说，加上技术，那么你"有机会将这些元素结合在一起，形成综合的设计方法"。

这是对的，但也许不是放之四海而皆准。西北的地域主义几乎不可能为撒哈拉沙漠以南的非洲或南加利福尼亚提供经验。像他的论题一样，米勒的语言缺乏技巧，但是他的书提供了一份很好的有关西北部可持续设计的带有插图的综述，包括一份简史和一份常用策略纲要，例如土地掩蔽体、被动式太阳能设计、日光照明和光伏系统。该书提供了大量建筑的范例：巧妙地使用场地的大建筑、有效保护资源的轻型建筑、采光和通风方面可资借鉴的建筑，以及面向未来的、将技术与老策略相结合的建筑。

Andrea Oppenheimer Dean 评论

"场地"：密度中的身份（SITE: Identity in Density），史蒂夫·沃默斯利（Steve Womersley）编辑，汤姆·沃尔夫（Tom Wolfe）作序，迈克尔·克罗斯比（Michael Crosbie）、迈克尔·麦克多诺（Michael McDonough）、詹姆斯·瓦恩斯（James Wines）撰文。马萨诸塞州东汉普顿（Easthampton）：Images Publishing, 2005年, 253页, 65美元。

尊敬的汤姆·沃尔夫在序中这样写道："场地"和它的创始人詹姆斯·瓦恩斯"将高强度的眼睛置于绿野之上，琢磨着上帝更可能出现在草地上，而不是倒退回包豪斯那咯喑、闭塞的肠肚之中。"对现代主义的反对从一开始就赋予"场地"活力，并刺激着瓦恩斯丰富的思维能力和多产的项目。"正统的现代主义形象（imagery）仍然在使用，在这个混乱的、多元的世界中，这越来越不相干"，他写道。

在20世纪70年代，"场地"以其一系列"最好产品"(Best Products)的陈列室脱颖而出，它们预示了今天的许多潮流：包括对建筑物的消解（dematerialization）、将自然引入透明建筑，以及将建筑与其自然环境相融合。

近年来，瓦恩斯聚焦于生态建筑，在一篇写于2000年的文章中，

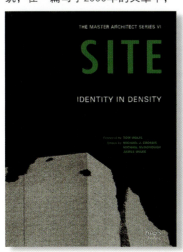

他哀叹所谓的绿色建筑，不过是将一份环境和土地保护策略的检查表添加到传统设计的房屋和景观中。建筑依旧"被尊为雕塑性的中心件"，他写道，而景观则"简化至一条棒棒糖树列"。他呼求建筑中的更多诗意，恢复"一体性（unity）的脆弱连线，即海德格（Heidegger）所称的'与大地的连通性'"。瓦恩斯英勇斗争，以阐明和塑造我们这个时代（他称之为"信息和生态时代"）的建筑学。

这本有关"场地"理念和项目的综览重温了该公司早期出版物中的一些素材。这没错：将"场地"的工作、瓦恩斯的饱满、清晰表达的理念和精美的图纸归于一处是很好的。另外，书中还包括了项目列表、工作人员名单，以及关于此公司和此公司出版物的列表。

Andrea Oppenheimer Dean 评论

肯·史密斯景观设计师事务所：城市工程（Ken Smith Landscape Architect: Urban Projects），简·阿米登(Jane Amidon)编辑。纽约：Princeton Architectural Press, 2005年, 176页, 30美元。

作为展示"对当代景观设计和实践有重要意义"的肯·史密斯景观设计师事务所单个项目或群组相关项目的系列丛书中的第二本，这本书意图给读者"一种从头至尾介绍工程的感受"，并试图关注"那些在建造形式中得以保留的早期概念，以及在此深入过程中被抛弃的概念和方法"。参照这个标准，这本书无疑是成功的。

这本书介绍了纽约的三项工程：现代艺术馆的屋顶花园（2002~2005年）、东河摆渡码头（2000~2005年），以及P.S. 19工程(2002~2004年)。你可能认为，三个中有两个不"重要"：东河摆渡码头工程仅是一个模仿滨水风景的植物装置，而P.S.19工程则是一种干涉（intervention），只不过在昆斯区的一所学校里使用了彩色图形、植物和织物覆盖的篱笆。它们都是创造性地解答，很难说是范式变化（paradigm shifts）。另一方面，现代艺术馆的屋顶花园———一个使用塑胶石头、树、碎玻璃、可重复利用的橡胶，以及鹅卵石的装置——尽管不对公众开放，仅能从相邻的高楼中看到，却是一项重要的工程，它巧妙地解答了一项具有挑战性的工程。

文字为每项工程提供了按年代顺序编辑的数据，而和阿米登的"谈话"则揭示了史密斯的设计方法——强调公共空间、"设计的社会层面"，以及"生态和环境保护……作为一种艺术工具"——以及他在这三个项目中的思考。该书设计精良、图片精美。评论人尼娜·拉帕波特（Nina Rappaport）的综述短文，接近于情感洋溢的艺术语言。

史密斯曾在玛莎·施瓦茨（Martha Schwarz）的事务所工作，

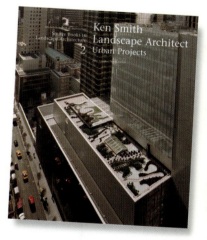

当时她是彼得·沃克（Peter Walker）的合作伙伴。史密斯分享了他们的方法，即强调协作规划和公众参与、非传统材料和现成品、反讽和文化评论。这本专集至少记录了一个项目，它代表了景观设计这项职业是如何被重新想像和复兴的，并由此值得关注。

Lake Douglas 评论

朱荣丽 译 孙田 校

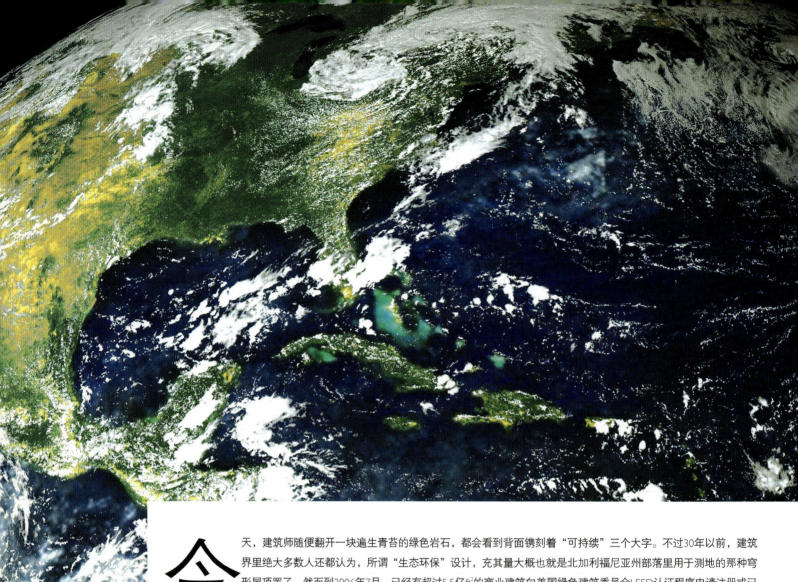

今天，建筑师随便翻开一块遍生青苔的绿色岩石，都会看到背面镌刻着"可持续"三个大字。不过30年以前，建筑界里绝大多数人还都认为，所谓"生态环保"设计，充其量大概也就是北加利福尼亚州部落里用于测地的那种穹形屋顶罢了。然而到2006年7月，已经有超过5.5亿ft²的商业建筑向美国绿色建筑委员会LEED认证程序申请注册或已获取认证。与此同时，从芝加哥的屋顶太阳能和风轮装置，到加利福尼亚的LEED银色认证建筑倡议，绿色政策还在美国各市各州继续蔓延。生产商以令人目眩的速度不断推出大量新产品，挤压扩张着能源效率、循环利用以及保护守恒等内容的界限。

今年，阿尔·戈尔(Al Gore)关于全球变暖的记录电影《难以忽视的真实》(An Incovenient Truth)以及美国公共电视台关于绿色建筑的系列节目"design：e²"把这个触动敏感神经的议题展现到了热心观众的面前。就设计和建造业乃至公众意识来说，所有证据都表明，2006年很可能就是可持续运动的起步之年。

可是我们似乎还没有达到作家马尔科姆·格拉德韦尔(Malcolm Gladwell)所说的"临界点"(tipping point)。作为消费者，我们希望少花钱；可是虽然昂贵的煤气消费微有减缓的态势，2006年的消费者支出还在增长。作为建筑师，我们希望设计出更好的作品，可是LEED认证代表的只是美国全部建筑中很小的一部分（仅2006年6月一个月内，沃尔玛就在美国开张了超过320万ft²的新建筑，虽然这个消费品的巨兽也开始考虑进行可持续性的建造）。不止于此，独立的绿色建筑学术项目的建立——最近的一个是在耶鲁——把事情全然搞错了：可持续是必须和领域内所有其他因素结合在一起的，而不是作为一门选修的课程。那么，究竟要怎样才能实现真正的激变呢？这种激变，又待何时才会到来呢？

就这些问题，本刊采访了多个领域内的一些重要人物。这些人都致力于可持续性事业，但都不属于严格意义上的建筑界。他们来自于机械工程界、产业生态界、人口增长管理界等等，对于可持续议题有着相当灵活的理解，能够适应各种各样的工作方式。我们的目的不是要进行一番包罗万象的考查，而是要从一个宽广的视野来看待一系列耐人寻味的问题。我们强烈地体会到，绿色建筑运动中的创新代表了这一领域的菁华。经过近几十年来关于如何对待现代主义运动中失败项目的讨论，一切似乎都已经昭然若揭了。

实施采访的人员有：Russell Fortmeyer, John Gendall和Charles Linn；徐迪彦 译 孙田 校

小星球，大创意
Big Ideas for a Little Planet

《建筑实录》访问领域内领袖人物，探究引导可持续发展未来潮流的创新观念

RECORD asks leading voices about the innovative ideas shaping sustainability's future

"可持续"的定义

执教于麻省理工学院的约翰·埃伦菲尔德（John Ehrenfeld）论他在可持续方面的广泛著述。

约翰·埃伦菲尔德，产业生态国际学会（International Society for Industrial Ecology）执行总监

《建筑实录》（后简称"实录"）：请问您如何定义"可持续"？

约翰·埃伦菲尔德（后简称"JE"）：我将"可持续"定义为一种可能性，是一种人类和其他的全部生命能够在我们的这个星球上永远生生不息的可能性。"可持续"是文化的必然归宿，但绝对不能一蹴而就。我们的现代的、技术化的客观世界其实就是人类和自然的各种病症的诊断和疗救方法的总和。

实录：为什么您认为环境问题在美国仍然是一个充满争议的问题？

JE："可持续"是一个长期、系统的问题。美国的一些资深政客，从某种程度上来说，并没有给予这个问题足够的尊重，因为我们目前的政治体制是一个过于单纯化的政治体制。我们的媒体和政体惯常的速度是以秒计、以分计，也可能是以小时计；而一旦面临长期的、难以把握甚至难以觉察的问题，顿时就束手无策。

实录：您认为真正意义上的"可持续"确实有可能实现吗？

JE：我认为是可能的。全球社会从未像今天这样毅然决然地对此提出过要求，从未像今天这样重视过地球的生态系统，当然全球形势也从未像今天这样，有如千钧之悬于一发。我们需要对抗地球疾病的种种症状，例如全球变暖等等，可是仅此绝不足以为我们换来一个可持续的世界。也许我们因此而得以避免灭顶之灾，可这终究也不过是我们亡羊补牢的一些被动应对措施罢了。

人们都说，创新能够推动可持续发展，而创新能力是人类独有的一种特性。

现在的人们越来越怠于创造了，办事的能力也越来越不济。大多数人一离开技术产品，简直活都活不下去。只要把那些玩意儿随便地关掉一台，他们立刻就会不胜其烦、不堪其扰。人们的创造力正在失落，而不创造，这样人类就不能延续自己。

实录：您认为是否会出现某个"大创意"，一举推动全世界的大变化？

JE：我想真实的情况可能是一个过程，一次可能会冒出来一个发明，或者一幢建筑；但是我坚信，这种形式比之预先制定一个宏伟的计划，会取得更为丰硕的成果。我把我构想的萌芽投入到一些可能具有颠覆性的项目中去。我不是要创造绿色建筑，而是要创造场所。可持续发展是一项系统性工程。建筑是我们所能够做到的最接近世界本身构造的一种模型，所以建筑师永远都应该是系统性的思想家。

"纯"零耗能建筑

《建筑实录》对话罗杰·弗雷谢特（Roger Frechette），探讨SOM在中国广州的一项设计——71层、220万ft²的珠江城。这座大厦采用了风轮、辐射板、微型涡轮、地热槽、通风立面、无水便池、光电一体化、蒸汽凝结水回收装置和日光反应控制体系等多种手段，实现了"纯"零耗能。

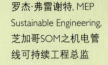

罗杰·弗雷谢特，MEP Sustainable Engineering, 芝加哥SOM之机电管线可持续工程总监

《建筑实录》（后简称"实录"）：建造"纯"零耗能建筑，你们遇到的最大的技术挑战是什么？

罗杰·弗雷谢特（后简称"RF"）：要在广州这样个地方设计一幢低耗能建筑是非常困难的，因为它的室内空气质量、热度、湿度等都给我们制造了非常大的设计障碍。我们心里清楚，要是我们的方法能在这儿奏效，无论在哪儿就都能奏效了。

珠江城，中国广州

实录：在设计珠江城的过程中，有什么不曾预料到的状况发生吗？

RF：当时我们设想可以把利用风力作为我们众多能源策略中的一条。将大厦的立面设计成可以使风在穿过时加速的那种样式，预计能将风速提高到环境风速的1.5倍。随着设计的进展，我们在一个风道内测试了设计模型。我们非常惊喜地看到，不仅风速像我们期望的那样加快了，而且在有些情况下甚至加快到了2.5倍之多。那么，按照可获取的能量是风速的三次方推算，这条策略可以产生的能量远远超过了我们的预计。结果，我们的"嵌入式"风轮达到了一般"独立式"风轮供给能量的15倍。

实录：您认为这算得上是SOM摩天楼设计的一个模板吗？

RF：我认为用"模板"这个词不大妥当。正确的方法是在做每一个项目的时候，都真真切切地理解到这个项目所处环境的独特性。这座珠江城巧妙利用了广州所拥有的自然力量。风速、风向、光照角度、空气质量及温度、湿度状况等都是设计赖以成立的条件。但若是把这个建筑搬到另一个不同的环境里去，它就会变得完全格格不入了。

实录：那你们设计这座大厦的总体策略是什么呢？

RF：我们的理念是"模糊"传统领域的"界限"。在我们看来，传统建筑将建筑、结构、机械和电力等系统当成了各自独立的分野，而我们的珠江大厦就是一篇整合的宣言。它打破了常规：表皮可以产生能源，结构体系供给热量，机械系统则拥有雕塑般的特质和美感。建筑的各个系统配合默契，并且与环境和谐统一。

能源利用的未来趋势

能源工业学者杰伊·斯坦（Jay Stein）披露如何使清洁的电力成为有竞争力的能源。

杰伊·斯坦，E Source 执行副总裁

《建筑实录》（后简称"实录"）：我们对于建筑利用能源方式的理解在未来将会有什么样的变化呢？

杰伊·斯坦（后简称"JS"）：像炉子和热水器里的那种小型气、油燃烧物，有一天会被认为是毫无约束的二氧化碳产生源。我想将来政府会取缔这两种燃料，而社会则会选择不再增加此类燃料。一旦果真如此，新建筑物可以采用的外部能源就只有电力了。我们就要以热力泵来转化电力，以此创造舒适的空间和提供热水。

实录：那要如何才能实现呢？

JS：到一定的时候，我们的社会将控制和管理二氧化碳。我预见到，将来会有一个阶段，使用碳会变得极其昂贵，即便尽量减少碳的释放，也会有极大的压力。将来的煤气公司会变得少有选择，而电气公司则相反，会有很多选择，如核能、碳的捕捉和贮藏，以及循环再利用等。

实录：可是目前的确没有低碳的电力可以使用啊。

JS：由于碳控制导致成本提高，加上热力泵和插入式混合媒介物等产品领域的技术进步，将使电力工业变得很有竞争力。电力工业会有很多它的竞争对手所没有的选择。最好的办法就是采取管理措施，促进这些行业内的创新。

人口增长管理

罗赫利欧·费尔南德兹－卡斯蒂亚（Rogelio Fernandez-Castilla）探讨联合国人口基金，以及建筑师和其他相关人员在协助发展中国家控制人口急剧增长方面所面临的挑战。

罗赫利欧·费尔南德兹－卡斯蒂亚，联合国人口基金技术局局长（director of the Technical Division）

《建筑实录》（后简称"实录"）：发展中国家所面临的城市问题有哪些呢？

罗赫利欧·费尔南德兹－卡斯蒂亚（后简称"RFC"）：目前的世界人口在60～70亿，到2050年有可能达到80～100亿甚至以上。最终的数字会是多少将取决于我们的人口究竟如何发展。眼下城镇人口的增长几乎全部集中于发展中国家。如果我们还要重复拉丁美洲——当然，也有非洲——的城镇化模式，那么等着我们的只有灾难。扪心自问，我们是不是已经在采取措施，或者至少学着采取措施，来避免这些问题呢？答案是否定的。虽然许多国家的确在试图避免城镇化，但乡村人口涌入城市的洪流仍然不可遏制。对于这种移民进程倘使政府能够有所规划，现在大城市里触目惊心的贫民窟问题也就不会如此难办了。

实录：面对这样一个复杂的问题，像建筑学这样的一门学科能够有什么作为呢？

RFC：如今这些城市贫民窟的环境都相当恶劣。比如许多发展中国家的城市新移民因为没处容身，就把家安在河边，甚至其他更容易发生自然灾害或者生活设施和配套服务极不完善的地方。如果能够有某种形式的城市规划，来跟上这股无法阻挡的城市扩张浪潮，而政府和社会能够下定决心为将来的发展保留下些许空间，对环境的破坏略微收敛一点，情况就会好得多。

实录：政府控制人口的策略是否会对创造一个更加"可持续"的世界有所助益？地球有没有可能真地负载100亿人口？

RFC：你去看看人口统计资料，就知道增长得最快的偏偏就是那些接触不到信息、又享受不到服务的人群。目前正在进行的一些人口和健康调查表明，生活在社会最底层的那些穷人们其实并不想要这么多小孩，可见避孕方法的普及还存在极大的漏洞。所以真正的问题不是要去改变这些人的行为方式，以此来控制人口。他们之所以这样行为，不是因为他们想这么做，只是因为他们根本无可选择。现在全世界的一个普遍现象就是家庭规模控制项目的资金严重不足。我们并不是要说服人们都接受像中国和印度那样非常激进的人口控制政策，这种政策在全世界都遭遇到了非常多的指责。我们只是要给那些愿意推迟下一胎生育，或者愿意较少生育的人们提供更好的教育、信息和服务。

绿化我们的景观

景观设计师玛吉·鲁迪克（Margie Ruddick）讲述她将可持续策略融入众多城乡景观设计的经历。

玛吉·鲁迪克，费城Wallace, Roberts & Todd 负责人.

《建筑实录》（后简称"实录"）：您对于可持续的定义是什么？

玛吉·鲁迪克（后简称"MR"）：没有人知道它的确切定义是什么。"可持续"是人们意识到的一个问题，但对它的意识还不十分明晰。人们只是知道它的一些基本原则，如尽可能弱化人类影响，关注自然系统，将环境健康和社会经济可持续发展结合起来。任何索取大于需求的行为都是反可持续原则的。

可持续策略实际上已经隐隐包含于一些设计实践当中了，例如可持续城市排水设施的采用已经成为一种设计规范。我自己在可持续领域内小有名声，那纯粹是从一次非常低的项目预算开始的。那是一个2.5英亩大小的项目，预算70万美元。由于预算的关系，必须得采用一些创新的设计方法，必须要采用本地建材，维护成本也要低。这些做法正是可持续设计策略，这一点后来渐渐地为人们所认识到。

实录：景观建筑在可持续设计中的作用如何呢？

MR：过去，景观设计师是在建筑师完成了规划之后才介入工作的。现在，我们在一个项目刚刚开始的时候就会加入进来，为其进行选址定位以及规划。

实录：在过去的几年中，可持续策略的实施方面有过什么惊人之举吗？

MR：一旦你被可持续设计烧热了头脑，就会认为自己一定能够得出一个万全之策。即便原先什么都不对劲儿，你也一定可以做得滴水不漏。这种认为自己必有解决之道的想法是值得怀疑的。此外，你还必须考虑经济问题，拥有一个经济头脑。

因此，真正改变了的是个人独立可以完成一切的想法。我们必须承认我们是一群蚕食的家伙，我们会搞破坏，只不过在尽量想办法把破坏变得最小。不管如何，我们都需要从当地吸收很多养料。

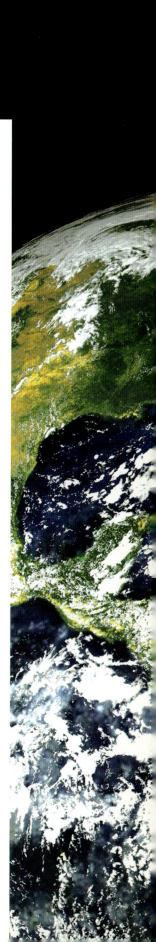

操控气候

机械工程师马赛厄斯·舒勒（Matthias Schuler）是2003年出版的《Transsolar，气候工程学》一书的供稿人之一，他在言谈之间试图改变我们对于低耗能建筑项目的看法。他曾经参与了墨菲/扬（Murphy/Jahn）事务所在波恩的德国邮政大厦项目（见《建筑实录》，2004年5月，第96页）。

马赛厄斯·舒勒，Transsolar,负责人，德国斯图加特

《建筑实录》（后简称"实录"）：什么是气候工程学？

马赛厄斯·舒勒（后简称"MS"）：我们认为它是能使人们更舒适、对自然更安全的科学。我们中的大多数人都是机械师或物理学者，因此我们的方式是把一切都从最基本的物理学角度重新思考，用最基本的物理现象来增加人们在环境中的舒适感，同时又尽可能地不伤害自然环境。这就要求我们与建筑师通力合作，并且要及早地介入设计过程。建筑师认为我们的工作对于他们的设计是一种支持和推动，而不是一种限制。

实录：您在书中将气候工程学归结为建筑学的一个分支，您能否对此作一个更进一步的解释？它与传统的作为咨询辅助角色出现的工程学有什么联系呢？

MS：我们将它看作是整个设计团队的一部分，而不一定是建筑学的一部分。气候工程师进行通盘考虑，设法将所有的力量集中到一起，而不是任之各行其道，这就是与以往m/e/p或HVAC方式的区别所在。

实录：您关于可持续的定义是什么呢？

MS：从某种程度上说，这个语词被滥用了。如果我们的生活方式是可持续的，那么我们就必须小心我们对于生态系统的所作所为。我们生存于斯，生息于斯，对于资源、气候、废弃物的影响究竟如何呢？同美洲土著那样的原始形态社会相比，我们的现代社会实是背离了可持续的轨道，因此我们就要发现一个新的轨道。

实录：那我们要如何起步呢？我们已经迷失了吗？

MS：我们要有足够的创造性，从创造中寻找出路。有时候这可能会引导我们从一些既得利益中退回来。在这方面，我们过大的活动性就是关键之一，比如我们把极多的资源都用来在全世界跑来跑去。也许我们真的有必要缩小我们生活和工作的圈子了。

实录：在过去的五年中，是什么改变了您对于可持续的想法呢？

MS：去年新奥尔良附近飓风的统计数字让我们清醒。当时，我们正在杜兰（Tulane）大学做一个学生中心的项目。飓风卡特里娜到来前的四个星期，我们停了工，和当地的人们谈起在全球变暖过程中，新奥尔良是全美最受威胁的城市——然后风暴就袭来了。这就清楚地昭示我们，生态系统是一个微妙的平衡，我们一定要谨防走得太远，免得这个系统积重难返。

实录：随着全球变暖，您认为人类只能去适应这种环境的极端变化吗？我们能在多大程度上控制我们的环境？

MS：就以东京为例。由于热岛效应，这个城市在过去的10年间夏季气温上升了约有18°F（1°F=9/5℃+32）之多。他们在东京湾造起了三四幢住宅大厦，把进入城市的自然通风都阻断了。在纽约，房屋在冬季都升温到80°F，夏季则降温到68°F。这可真是十分可笑，明明就应该在冬季升温到68°F，而夏季降温到80°F。人们的身体是很容易适应变化的。我们必须要明白，保持室内温度的稳定不变并不一定对人体有益。我们的建筑需要能够去迎合不断变化的身体状况。密封得像罐头似的房子——全部采用人工空调控温而几乎不用窗户——造多了，建筑师都忘了到底该怎么造真正的房子了。这是我们失落的一个传统。

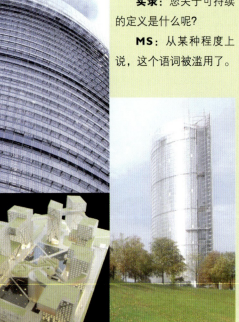

位于德国波恩的德国邮政大厦（顶图与上右图），以及史蒂文·霍尔的北京环带混合住宅（上左图）

绿色市场和绿色政策

里克·费德里齐（Rick Fedrizzi）谈美国绿色建筑委员会在促进设计文化变革中的作用。

《建筑实录》（后简称"实录"）：美国绿色建筑委员会的成员壮大得很快，有越来越多的公司和生产商都加入了进来。请问你们是如何在不丧失核心信念的前提下发展规模的呢？

里克·费德里齐（后简称"RF"）：建筑师、工程师和承包商是最早接纳我们的一批人。后来我们发现我们的队伍里不光有生产商，还有金融机构、会计师、财务总监、保险业背景的人员、医疗卫生从业人员，以及教师等等。你或许会挠着脑袋问，这又是为什么呢？这些人都关心自己的事业，关心如何保护自己的利益。接受认证当然不会让他们造出一幢符合LEED标准的房子，却的的确确能给他们提供足够的信息，使他们能够提对问题，作对决定。

实录：委员会好像并没有在游说政府采纳LEED程序，这种状况将来会改变吗？

RF：我们在全美拥有70家分会。分会就是委员会的门槛，这个理念对于我们来说非常重要。这些分会在它们各自的城市和州里生存、工作、设计、建造，也能够站在捍卫当地利益的角度，更有针对性地思考可以在当地做些什么。如果某个城市说他们所有的建筑都要获得LEED金质认证，我们听了并不会高兴。我们不希望绿色建筑取得什么特殊的税收优惠。不妨想一想20世纪70年代的太阳能利用财税激励政策，你就会记得一旦将它们撤销，人们对于太阳能的兴趣也就跟着消散了。

实录：您认为公众对于环境问题的意识达到了一个新的高峰了吗？

RF：政治气候、恶劣反常的自然气候、过去我们所无法获得的科学报告的增加——例如显示10年极地冰盖退化情况的照片，又或者我们每个人都认得三五个患了癌症的病人……这些都让对环境问题已经有了意识的人们开始相信，是我们必须要做些什么的时候了。

实录：政府能够推动这个过程吗？

RF：不能再把这当作一个民主党问题或者共和党问题了。归根结底，它就是一个人类问题。

里克·费德里齐，美国绿色建筑委员会理事长、首席执行官及创始主席。

绿色样板房

我并不认识很多真正考虑环境问题的人，但公众对于现代主义的兴趣也的确不如从前那么狂热了。另外，我想这些建筑师也只是把它纯粹当作一个建筑问题，而不是生产或产品问题来处理。可能真正的改变是在于，我们仍然感兴趣于现代主义设计，但我们现在也要考虑价格是否可以承担。现代主义设计的确给我们的许多主要消费品带来了变化。

《建筑实录》（后简称"实录"）：样板房有扰乱现代主义运动的倾向，尤其是在洛杉矶。那么请问为什么它们的效果并不很明显呢？

史蒂夫·格伦（后简称"SG"）：我并不认识很多真正考虑环境问题的人，但公众对于现代主义的兴趣也的确不如从前那么狂热了。另外，我想这些建筑师也只是把它纯粹当作一个建筑问题，而不是生产或产品问题来处理。可能真正的改变是在于，我们仍然感兴趣于现代主义设计，但我们现在也要考虑价格是否可以承担。现代主义设计的确给我们的许多主要消费品带来了变化。

实录：您过去并没有做过住宅项目，那么请问是什么使您转而开始建造住宅的呢？

SG：最早我开始研究这个市场的时候，很快就发现其实有很多人都像我一样，非常在乎设计和环境问题，只是目前还没有时间、财力或耐力来给自己定制一套住宅。我非常欣赏那些形式好看、功能又强大，而且建造过程健康、不给生态系统造成很大破坏的东西。

实录：人们的需求总是不断变化的，他们的消费热情也就随之上下浮动，因此大众住宅市场总是需要不断的调整来推动。请问你们是怎样处理这个市场问题的呢？

SG：我们试图提供一种灵活可变的样式来迎合人们不断变化的需求。这就是为什么我们的墙体都是活动的，可以让你随意地增加室内外的空间，还有一些你可以根据自己喜好改造或者更换的基准设备。从价格的角度讲，我们现在的标准是每平方英尺250美元。我们希望很快能降低到150美元。

史蒂夫·格伦，LivingHomes首席执行官

LivingHomes样板房模型（左上图），及其建成情形（左图）

中国走向绿色
China Goes Green

环境处境是恶劣的，但建筑师与规划师们正在设计提供环境问题解决之道的项目

By Daniel Elsea　　凌琳 译　　孙田 校

SOM设计的南京金奥大厦（左图），双层表皮缓冲了建筑内外环境变化，创新的钢构架设计减少了结构材料用量

建筑消耗全世界将近50％的能源。"建筑占用50％的原材料，生产40％的人造垃圾，造成多达35％的环境污染"，英国建筑事务所RMJM在他们的《环境设计手册》中这样写道。RMJM设计了北京奥林匹克公园国家会议中心，在上海、苏州、珠海和广州也拥有越来越多的项目。

这本手册是RMJM事务所在中国的实践基础上写就的，书中强调了疯狂的建设对环境造成的损害。当然，任何人身在一个中国大都市，都可以见到难以散去的尘雾和一个毫无疑问的惨淡未来。国际能源机构（IEA, International Energy Agency）的数据显示，2010年中国将成为世界上最大的温室气体排放国。同时，建设依然如火如荼地进行着，绝大多数人的环境意识非常淡薄，中国仍需发展大量的本土环境技术。

清华大学的绿色建筑专家栗德祥教授说："政府近期转变了方向，提出'四节一环保'的政策。"这是国家首次明

Daniel Elsea在香港本部写作有关建筑设计和城市议题的文章。他是易道（EDAW Asia）的公共事务主管。

近期完成的广州保利国际大厦（左图）也由SOM设计，玻璃幕墙与十字交叉钢构架（上图所示）为办公楼层提供了无柱空间

文规定大规模建设项目必须结合生态需求和节能。政策中的"四节"指的是必须节约的四项重要资源，它们是能源、土地、水和原材料。这宛如在污染的空气中吹来一丝改变的清风。

在北京的全球环境研究所（GEI, Global Environmental Institute）公布的一份报告称，2005年中国总共投资38亿美元用于开发建造利用可再生能（如风能、太阳能等）的新型电站。中国的目标是在2020年以前，可再生资源的使用达到全部资源的1/5。这个承诺远远超过了今天美国政府的承诺，更接近欧洲实行的标准，尽管事实上中国被免除了"京都议定书"的主要条款规定的义务。朝向可持续发展的转变一直延伸到地产与建设领域。随着迷雾的逼近，私人开发商和市政当局对绿色设计的兴趣越来越浓厚了。

"境外建筑师比国内建筑师更了解（绿色设计），所以中国人正在寻求他们的指引"，栗德祥说。在对环境的认知和态度上，中国设计师与国外同行之间存在着巨大差距。因此，中国站在环境行动和建筑学的十字路口，吸引着世界顶尖的人才，向他们提供空前的绿色建筑实践机会，这种机遇在过去是难以想像的。

"我被邀请去太多的地方讲学，"香港大学建筑教授、著名的可持续设计专家刘少喻（Stephen Lau）说，"北京、广州、上海、昆明和深圳——向方方面面的有关人士（stakeholders）讲述可持续建筑。"

作为对中国向绿色转变的意愿的回应，一批来自不同地区、不同学科的大大小小的境外事务所，纷纷把中国当作环境创新的实验室。他们如此乐观，是因为中国业主更敢于承担风险，是因为中国最高决策层的明显转变。他们亦听说中国官员正在呼吁新节能规范的出台，它将改变大规模开发项目的建造模式。也许最重要的是，中国的低造价有利于更加经济地建造生态建筑的可行性。对于大多数有生态建筑实践经验的境外建筑师来说，在中国盖房子是便宜的，相应地，建造绿色建筑、探索绿色技术也是廉价的。在中国工作为他们提供了在自己国家不可能拥有的条件。

"中国的成本基础允许更贵一些的可持续产品，例如双层玻璃幕墙，"SOM合伙人，正领导几个大幅度应用环境策略的中国项目的布赖恩·李（Brian Lee）说，"世界上那么多的先锋工程都在应用绿色设计，中国也应该是一片自愿的、丰饶的实验地。"

SOM在中国的工作正日趋绿色。他们在中国城市，例如北京、天津、南京、广州与深圳设计摩天大楼的时候，无不首次试验新的技术与方法，探索提高能源效率、降低自然资源使用率的途径。

西班牙建筑师罗莎·塞尔维拉与哈韦尔·皮奥斯在中国设计了一批绿色项目,其中包括仿生大厦——位于上海的1228m高的摩天楼,可容纳10万人(左图);天津海河上方一座轻盈的桥梁以及上海奉贤高级中学(上两图)

正在建造的232m高的南京金奥大厦,商业裙房之上是一座容纳405间客房和4.6万m²办公空间的摩天楼。SOM的任务书要求其塑造一个易于辨认的醒目造型(iconic form)。受到康斯坦丁·布朗库西(Constantin Brancusi)无尽柱(Infinite Column)的启发,建筑师设计了一层起伏的外皮,为成角度的侧向构架支撑,撑杆决定了表皮的维度与折叠方向。金属构架在0.5m的跨度内把侧向荷载传递给基础,这样可以节省40%侧向结构材料与20%总建筑材料用量。在折叠的外表皮与相对传统的内层幕墙之间留出的空间,可以被动地处理太阳能,从而减少对机械供暖制冷的需要。

从地面直至顶棚的玻璃墙使阳光充分照亮室内,降低了电气照明需求。此外,建筑的中庭中"反射玻璃片分布有致,不同的倾角适于捕捉阳光的角度,"布赖恩·李解释说。镜子在中庭的上部更为密集,把日光反射到公共空间和交通空间,其结果是减少对空调的依赖,并减少室内照明。李认为,金奥因其"对建造系统的整体性方法"而成为一个激动人心的项目。

在广州,SOM正在设计珠江城(Pearl River Tower)项目。这一设计从风能、太阳能和湿空气中获取了足够的动力,在维持这座69层的摩天楼运转之外还有富余。在2009年开幕之时,它将无需依赖城市电网,这是关系世界的分水岭式成就。

设计模仿自然

西班牙建筑师罗莎·塞尔维拉(Rosa Cervera)和哈韦尔·皮奥斯(Javier Pioz)希望建起一栋他们自己的地标性巨构摩天楼——位于上海的仿生大厦(Bionic Tower)。皮奥斯说,仿生建筑(bio-architecture)与绿色建筑有着相同的出发点,不同的是前者模拟自然界的过程与结构。在塞尔维拉和皮奥斯看来,摩天楼是20世纪的产物,在21世纪需要更新。

针对上海不断膨胀的人口,他们给出了一个富有英雄色彩的提案:创造一座能源独立的垂直城市。他们设计了一座1228m高的综合功能塔楼,可容纳多达10万人。"中国的建设热潮是自然环境……和这个国家的历史遗产的大敌",皮奥斯这样认为。他提出的仿生大厦是标准建造之外的另一种可能。他和塞尔维拉正在与上海讨论其想法,因为上海正在思考解决其快速的人口增长的新办法。他们的提案不妨看作部雷(Étienne-Louis Boullée)的牛顿纪念堂(Cenotaph to Newton)的一个当代版本,它天真而又迷人,貌似真实但也许永远不会被建成。这个马德里两人组正在印度加尔各答建造一栋稍矮一点的塔楼,大致与上海仿生大厦基于相同的理念。大楼将高达250m,容纳一座洲际酒店,并拥有其他

佐佐木事物所设计的北京安捷伦科技的一个校园运用了一系列可持续设计策略。在南立面与西南立面（上图、右上图），建筑师使用小扇内凹窗与热反射金属表皮，而在面向庭院的表面则使用大面积低辐射玻璃（右图）

功能。

在中国，塞尔维拉与皮奥斯事务所通过越来越多的小型项目实践着他们的"生物学"理念。他们曾参与的竞赛包括：上海西班牙主题卫星城镇的中心区，一座跨越天津海河、用有限材料模拟蚕茧结构的大桥，以及用一系列可持续技术手段设计的上海奉贤中学。

贴近人民生活

当SOM、卡拉特拉瓦（Calatrava）、皮奥斯事务所大规模揭幕可持续方案时，香港欧华尔顾问公司（Oval Partnership）则着手于小尺度项目。小项目对人们的生活有着更直接的影响，用更为廉价的手段解决中国问题。"许多（境外公司设计制造的）环保建筑（environmental architecture）依赖于昂贵的技术"，清华大学栗德祥教授这样说道。

今年上半年在昆明，由欧华尔设计并建成的一座多功能展览厅和四栋智能生态概念住宅为中国住宅建筑建立了新的示范——它们可以接受的价格将具有巨大吸引力。该事务所此前在香港中心地带设计的生态小屋（eco-pavilion）也是建立在"IN的家"理念之上的。"IN的家"，或者说"智能与绿色"，是成立于英国的一个开放的合作体系，它涵盖了住宅工业的方方面面——从独立式住宅建造、国家住宅标准体系建立到建筑师、规划师的工作。

欧华尔将"IN的家"理念描述为对"常规建筑实践"的挑战，他们将简单的技术——不论是现代的还是传统的——运用到"主流"建筑规划项目之中，例如中产阶级住宅。从中国惊人的发展速度来看，建筑师提出的生态设想并非高高在上的遥远模糊的概念，而是未来建筑发展的砌块。

欧华尔把昆明"IN的家"的概念延续到一个更大的项目：一个容纳2000户的住宅区，它的建造将融合新技术与传统材料（例如竹子），并使用简单的、容易被忽略的设计策略，从而最大限度地获得太阳能、自然照明、十字通风，同时使施工面积（construction footprint）最小化。新技术包括雨水回收系统、太阳能气候调节以及无水厕所。这项计划将会成为一个样板：如何用绿色方法建造最基本的结构——家庭住宅。

与罗建中（Chris Law）一同主持欧华尔顾问公司的布路施（Patrick Bruce）说："我们发现大陆一些开发商非常乐意接受环境策略，把它们看作对市场的拓展。"两位合伙人成立了"IN的家"中国公司（INTEGER China），把绿色设计推向大众。

最近建筑政策的调整使布路施对绿色发展的未来充满希望。欧华尔最近在中国大陆、香港与台湾地区参与多项绿色

在昆明的"IN的家"项目将成为一座融合了新、旧技术的生态小镇。现已建成的是一座多功能展览厅（如图所示）与四栋智能生态概念住宅

工程，公司新近完成了台湾宏碁电脑公司对生态无害的（eco-friendly）发展计划。"可持续设计会使项目失去竞争力的说法不再成立了。"布路施补充道，言辞中强调了他们公司采用的不昂贵的绿色策略。

规划走向绿色

波士顿佐佐木事务所（Sasaki Associates）是在中国以绿色设计原则操作大尺度社区规划的几家国际事务所之一。以佐佐木为例，在北京奥林匹克和昆明草海北岸总规划两个项目中，都运用了多种可持续设计策略（由于这两个项目对绿色设计的深入探索，它们在今年上半年均荣获美国《商业周刊》/《建筑实录》中国奖，详见《建筑实录》中文版2006年第1期）。奥林匹克规划吁求保育基地原有的湿地、草场和森林，同时将公共交通与步行道结合，减少对机动车的依赖。在草海北岸的项目中，佐佐木主张对滇池进行大规模清理，以便下一步建设一个具有综合住宅、商业和文化设施等功能的社区。佐佐木同时还为瑞安集团从事天津一个大型经济开发区的规划，并进行珠江三角洲长期城市设计战略研究。

"'绿色'经常不过是设计过程的组成部分，而不是在业主面前的长篇大论，"佐佐木常务董事丹尼斯·皮帕兹（Dennis Pieprz）说，"我们更倾向于这种'秘密绿色行动'（stealth green）。"

在北京，由佐佐木设计的一个安捷伦科技（Agilent Technologies）校园符合大部分LEED [LEED，能源与环境设计先锋奖，是美国绿色建筑委员会（US Green Building Council）规定的认证过程，确保高标准的绿色设计、建造与实施。该体系的等级划分——以铂金为最高标准，其次是金和银——已成为全世界业主与政府衡量建筑作为绿色工程的基准]，尽管它在最后决定放弃LEED认证。安捷伦校园中的两栋建筑将综合一系列可持续设计的特点。在建筑的西立面与西南立面，热反射金属表皮上开启小扇深凹窗，夏天可以形成阴影，冬天允许阳光照入室内。东向与北向大面积采用低辐射玻璃，使室内充满日光，从而减少对电气照明的需要。此外，先进的机械系统，包括地板下空气分配系统、分区活动控制照明等，也有助于降低能耗。

工程设计公司奥雅纳（Arup）也将其投入中国的绿色设计，目前正在进行的是上海崇明东滩生态城（eco-city）总体规划，被称作世界上第一座完全的"可持续城市"。东滩占地630hm²，将采取如下措施：取水、净水；管理和回收废弃物以减少垃圾填埋；建造可用再生能的发电站；执行废气排放标准，使"碳中和"（carbon neutral）成为可能。

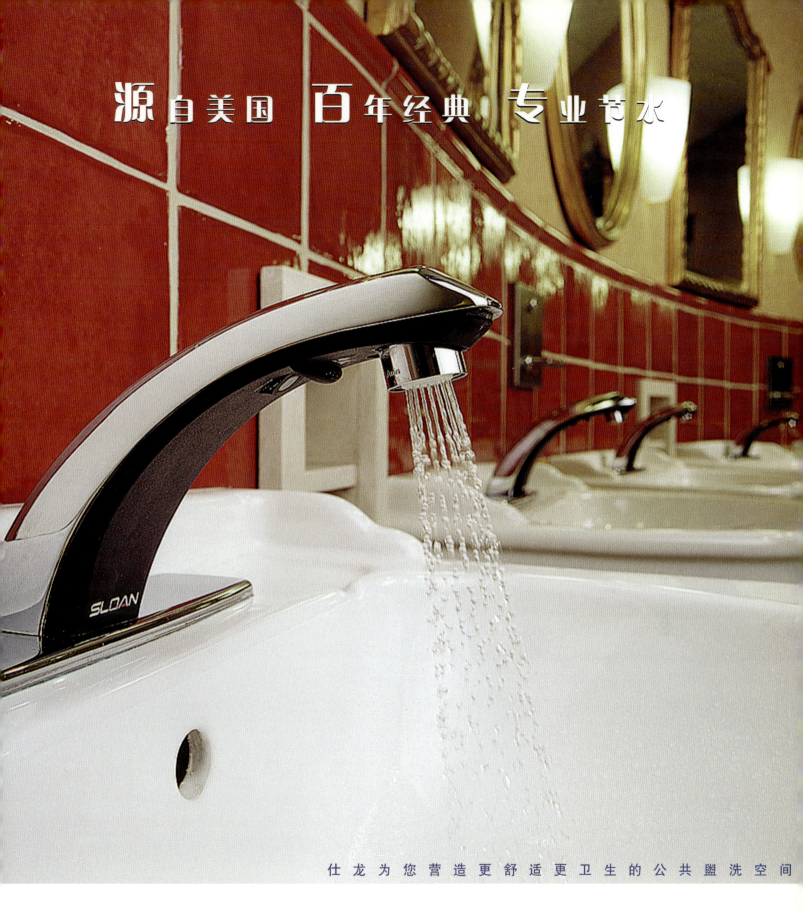

源自美国　百年经典　专业节水

仕龙为您营造更舒适更卫生的公共盥洗空间

仕龙阀门水应用技术（苏州）有限公司
SLOAN VALVE WATER TECHNOLOGIES (SUZHOU) CO.,LTD.
江苏省苏州市新区火炬路 16 号　　215011
电话:+86-512-6843-8068　　传真:+86-512-6843-4622
网址: www.sloan.com.cn　　电邮: sales@sloan.com.cn

作品介绍 PROJECTS

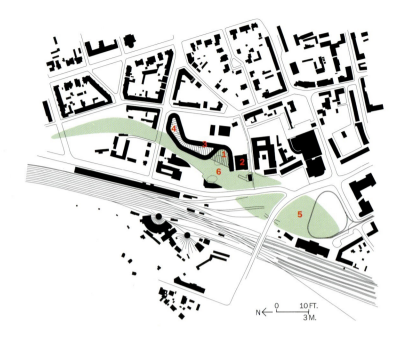

总平面图
1. 大堂
2. 图书馆
3. 办公室
4. 中庭
5. 绿地
6. 公园

By Suzanne Stephens　孙田 译　钟文凯 张凡 校

德国的联邦环境局（Umweltbundesamt/UBA），是在过去几年中欧洲新建的最具"偶像"色彩的房子之一。它并不以纪念性的建筑或工程的华丽表演引人注意。当其蜿蜒曲折、色彩缤纷的特点在你眼前迷人地展开时，其整体格局非从空中俯视不能把握。位于德绍(Dessau)的联邦环境局建筑的象征性冲击，更多地得自于环保举措，而非其易记的形象。设计者为在柏林开业的绍尔布鲁赫-赫顿建筑师事务所(Sauerbruch Hutton Architects)，它以建造有着不寻常魅力的可持续楼宇而知名，诸如在柏林的GSW总部大楼[见《建筑实录》，2000年6月，第156页]、变形虫状的混凝土结构、饰以彩色玻璃面板和木材，都体现了节能设计与技术的富于想像力的组合。

项目：联邦环境局，德国德绍
建筑师：Sauerbruch Hutton Architects—Matthias Sauerbruch, Louisa Hutton, Juan Lucas Young, Jens Ludloff, principals in charge; Andrew Kiel, René Lotz, project architects
工程师：Zibell Willner & Partner (能源概念和环境工程); Krebs & Kiefer, (结构); ITAD (管道); KEMPA (市政); G.U.T. (环境复育)
景观设计师：ST raum a
顾问：GFÖB (生态); IEMB (能源); Mueller-BBM (建筑物理); Schallschutzbuero Diete (声学)

蜿蜒曲折的办公综合体（跨页）坐落于昔日的煤气工厂基址。翻造的公园中有汉斯-约阿希姆·黑特尔(Hans-Joachim Hartel)（下图）的金属雕塑，隐藏了地热交换装置的空气端口

摄影：© ANNETTE KISLING, 除非注明：PAUL RAFTERY/VIEW（跨页和内嵌照片）

绍尔布鲁赫-赫顿建筑师事务所潇洒处理联邦环境局的可持续性 **Sauerbruch Hutton** Architects brings pizzazz to sustainability in the FEDERAL ENVIRONMENTAL AGENCY

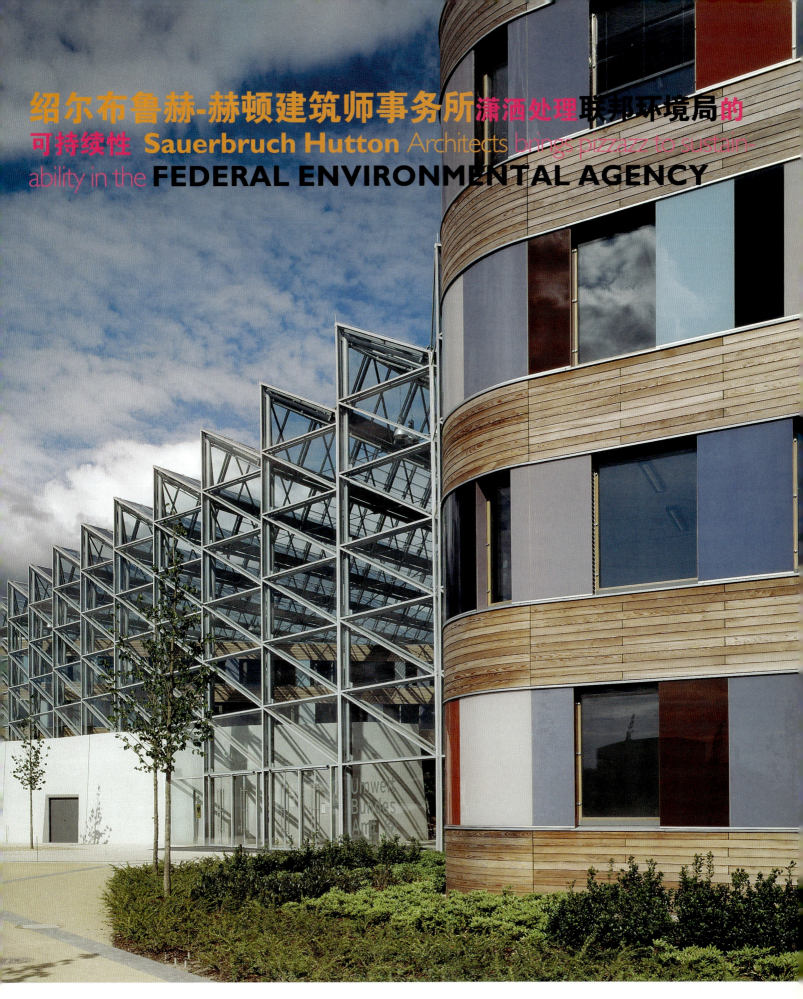

> **这幢建筑何以变得环保?**
>
> - 20%的能源为可更新能源。
> - 紧凑的形式和高水平的隔热使热损失最小化。
> - 地热交换装置预冷(夏季)、预热(冬季)空气。
> - 太阳能热采集器和光电电池利用了太阳能。
> - 自然通风与对流替代了空调。

旧有的韦尔利泽站(上图)被再利用,成为这一建筑综合体的信息中心。咖啡厅在主楼之外(上图最左处),面临一个水池

反讽的是,联邦环境局立意在德绍建造新舍,而德绍正是格罗皮乌斯将包豪斯从魏玛原址迁出后,于1925~1926年设计的传奇性的新包豪斯校舍的所在地。虽然在那个时代,包豪斯校舍是杰出的功能性设计与技术的国际偶像,但它却没有什么节能环保的意识:你只要看一眼其面西的玻璃立面就明白了。但那只是过去。现在,现代主义与可持续性的结合正日趋紧密。

在计划这一供800名雇员使用的40万ft²(1ft² = 0.0929m²)的总部时,环境局决定,总部将不只是节能环保实践的一个示范项目,而更是一个学习中心。于是,它包含了一个图书馆——欧洲最大的节能环保主题的公众图书馆——加上一个演讲厅、展览空间、信息中心和咖啡厅。环境局要求20%的能源为可更新的,并要求供暖消费低于目前有效的德国能源标准40%。

虽然环境局之前在柏林,但政府想要复兴德绍这个昔日的工业中心,它如今与40%的失业率相关联。不过,许多环境局雇员依然要花1小时20分钟从柏林去上班。幸运的是,坐火车的雇员下车后只需走几分钟就可以到新地方——那里过去曾是一家煤气厂。坏消息是,煤气厂早就污染了土壤和地下水,留下一个烂摊子,需要换3万ft³(1ft³ = 0.02832m³)的土。

过去的工业痕迹还依然保留着:一幢厂房(109楼);孟莎顶的韦尔利泽站(Wörlitzer Bahnhof)——曾一度是一条铁路线上的车站;还有西面从未使用过的铁轨,也为7英亩的基地添上了粗砺如画的一笔。北面是开敞的绿地,现在与环境局综合建筑中的一座线形公园相连,在那里,铁轨亦为林木所修饰。东面延展出一小群建于19世纪的房屋,南面则混合了20世纪的公寓街区与商业建筑。

为了与功能计划保持一致,建筑师将韦尔利泽站再利用为信息中心,而因其比利时式的砖砌墙值得一表的旧厂房,则被改造和加建为图书馆。为了连接老建筑和新建的综合体,建筑师创造了一个侧面宛若长颈般的板楼,以使自然通风能流入图书

主楼窗下墙板，外皮为巴伐利亚落叶松木，与彩色或透明玻璃条相间。33个颜色涉及周围环境：临近北侧公园（右图）的玻璃板呈绿色，而临近旧砖厂房及其新图书馆翼（左图与右图）的则为深红、淡紫与紫红。面对着一个建于19世纪的住宅区的东立面（上图），则多呈黄褐、橙色和红色调

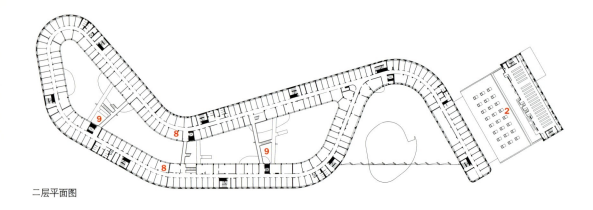

日光自锯齿状的玻璃屋顶流入园林趣味的中庭（右图）。环状平面中的内廊式办公室空间通过可开启扇接纳日光与空气。所有雇员的办公室都有窗，而可俯瞰中庭的办公室似乎更为人所青睐

二层平面图

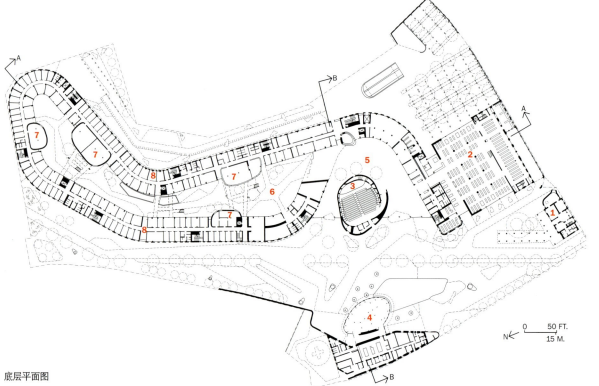

底层平面图

1. 韦尔利泽站
2. 图书馆
3. 演讲厅
4. 咖啡厅
5. 论坛（大堂）
6. 中庭
7. 会议空间
8. 办公室
9. 桥
10. 停车

A-A剖面图

B-B剖面图

30　建筑实录年鉴　Architectural Record Vol. 3/2006

就主要的办公楼而言，绍尔布鲁赫-赫顿规划了一个内含玻璃顶中庭的蜿蜒的平面。在减少其暴露于较粗糙环境的外墙面积方面，这样的平面不仅使4层的办公楼更紧凑，同时也避免了工作人员与看上去有1英里（1英里＝1.609km）长的笔直走廊打交道。

这一1200ft（1ft＝0.3048m）长的环两端并不相合；入口为锯齿状的玻璃墙，侧夹内为演讲厅的一个混凝土抽象雕塑形体（另有几个类似的雕塑形体，被称作"大石头"，在中庭周围提供会议空间）。中庭之内，柏林的景观设计师ST raum a，设计了一个有着各种各样植物的公园。在这一环相对的两条内廊式办公室之间，依次有三座桥连接。

为保持回归自然的外观，绍尔布鲁赫-赫顿以巴伐利亚落叶松木覆盖外立面的窗下墙，其表面正褪色为一种浅灰色。丝网印刷的彩色玻璃板，在水平向窗带上与透明玻璃相间。出自7个不同色系的缤纷色调减轻了长的线性形式的单调感；最重要的是，平钢窗侧或遮阳板上的对比色彩强化了立面的三维特质。

为了将预算控制在8200万美元以内，建筑师依赖了现浇混凝土框架和主要由两排边柱撑起的无梁楼板结构。暴露的混凝土顶棚提供了在一年中需要的时候存贮冷源或热能的体量。

建筑的中庭在寒冷月份比室外温度高22 °F，这有助于把热损失最小化。另一方面，绍尔布鲁赫-赫顿以再利用机械系统余热的废能发电系统降低用电量与采暖量。为了满足建筑的总体供热需求，事务所利用了当地一个填埋地的沼气。此外，入口区域上方的单坡玻璃屋面内的光电板可以提供电荷载的1%。主楼屋面

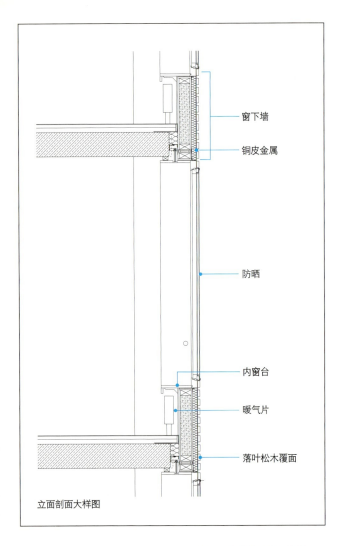

立面剖面大样图

- 窗下墙
- 铜皮金属
- 防晒
- 内窗台
- 暖气片
- 落叶松木覆面

800名雇员中的每一位都有一间129ft²的办公室（对隔声困难的开敞办公室的适度批评）。3层玻璃阻止着冬季的热流失，开启扇则用于自然通风

夏季，热空气被地热交换装置冷却；自然对流将热空气带出中庭。冬季，冷空气由这一系统预热

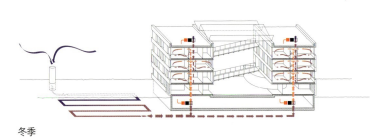

冬季

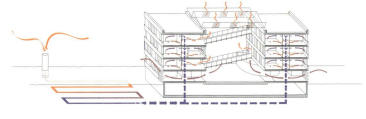

夏季

上，真空管热采集器利用太阳能可以冷却建筑的机械系统。而最重要的节能特色，据总建筑师路易莎·赫顿（Louisa Hutton）解释说，是地热交换设备。它包括地下的管线、3英里长的世界最大的基于气体的地热交换系统（air-based geothermal exchange system）。地热交换设备能在空气流通于办公空间前预热（冬季）或预冷空气（夏季）。空气自室外传入，通过地下室的四个空气输送设备（air-handling units）进入地下的空气通道，然后沿基础楼板中的管道至竖井，最后进入办公室吊顶中的管道。环境局通过可开启的窗和自然对流，弃空调而就自然通风。夏季，对流使中庭的空气流通，晚间自动开启的木板则把较凉的空气带入。

因为联邦环境局是一个示范项目，深入的研究带来了用于这一建筑的成套节能方法，目前对这些节能举措的分析正在进行效果的监测。在它开幕的那一年，建筑师发现其采用的环境举措不仅达到了预期效果，而且环境局的用电量甚至比预估的还要少。现在，去德绍的访客有了另一个值得一去的建筑胜地。在德绍，联邦环境局展示了可持续性如何影响前卫的想像力，超越（而不是忽略）了包豪斯对功能、技术和材料的关注。■

材料/设备供应商
木板和窗：Schindler GmbH
彩色玻璃：BGT-Glastechnik
锯齿状玻璃屋面及金属玻璃幕墙：Brakel-Aero GmbH
图书馆和咖啡厅立面用钢：ER+TE Stahl und Metallbau
砖石：Peschek GmbH

合成屋面和人造橡胶：Sinhor Dach GmbH

关于此项目更多信息，请访问 www.architecturalrecord.com 的作品介绍（Projects）栏目

绍尔布鲁赫-赫顿将一座旧厂房改建为图书馆,通过一个屋顶突升50ft的空间(上图)与主办公综合体相连。经控制的日光遍及书库(左图),遍及办公楼中以玻璃为壁的室内走廊(右图)

这栋占地63万ft²的图书馆坐落在新加坡市中心一块重要的场地中（本页图），距离富有历史意义的莱佛士大酒店仅一个街区之遥。从南边看起来，建筑分为两个部分：一个朝向东面的弧形结构和一个朝向西面的直线型结构（对页两图）

汉沙扬 应用其招牌生态气候设计原则于新加坡新国家图书馆

T.R. Hamzah & Yeang applies its trademark bioclimatic design principles to the new NATIONAL LIBRARY in Singapore

By Clifford A. Pearson   徐迪彦 译   孙田 校

杨 经文（Ken Yeang）传播绿色福音，至今已逾30年之久了。他撰写了《生物气候摩天大楼》（The Green Skyscraper）（1994年）、《自然设计》（Designing With Nature）（1995年）及《绿色摩天楼》（The Green Skyscraper)（2000年）等著作，参加了华盛顿特区国家建筑博物馆举办的"大与绿"等展览，近来又担当了生态设计电视节目"设计：e^2"的主要谈话人。20世纪70年代初，他攻读生态设计博士学位的时候，"绿色"一词在大多数建筑师的心目中至多还不过是色卡上的一块小小区域罢了。当他从英国建筑联盟学院和剑桥大学学成回到故国马来西亚，便开始了能够与本地气候互动的现代建筑的设计实践，而不是一味地依靠密闭的外壳、大量的空调来对抗气候——代表作有IBM总部大楼Menara Mesiniaga [见《建筑实录》，1993年3月，Pacific Rim section，第26页] 和格思里馆（Guthrie Pavilion）[见《建筑实录》，1998年8月，第81页]。在他的新加坡新国家图书馆项目中，他将自己毕生所学所长都倾注到了这个通常看来难以做到节能的建筑类型当中去，并且为这个以知识策动经济的城市之邦创造出了一个民用建筑的地标。

图书馆大致有两种形态：硬盒式和冰箱式。第一种竖起厚厚的墙壁，墙上绝少开口，以此来保护书籍不受外界气温变化和紫外线的伤害；第

项目：新国家图书馆，新加坡
业主：国家图书馆管理局，新加坡
建筑师：T.R. Hamzah & Yeang—Ken Yeang, principal in charge; Timothy Andrew Mellor, Lim Hock Huat, Chong Voon Wee, Rodney Ng, project architects; Rajiv Ratnarajah, resident architect; Ridzwa Fathan, design director (schematics); Jason Yeang, Monie Mohariff, Yvonne Ho, Kenneth Cheong, Kevin Chung, design architects
合作建筑师：DP Architects
工程师：Buro Happold Singapore （结构，机电）
顾问：Woodhead Wilson (室内); DLQ Design (景观); Lighting Planners Associates (照明); Total Building Performance Team (声学); Arup Singapore (立面设计); Ove Arup & Partners International (IT)
总承包商：西松建设与林增建筑联营公司（Nishimatsu-Lum Chang Joint Venture）

十三层平面图

十层平面图

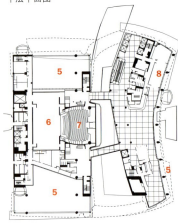
三层平面图

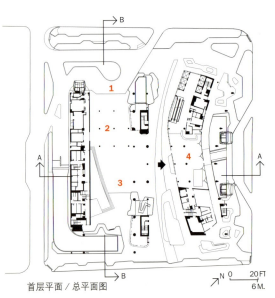
首层平面／总平面图

1. 台阶
2. 有顶广场
3. 户外餐厅
4. 问讯处
5. 书库
6. 戏剧中心
7. 剧场
8. 培训室
9. 办公室
10. 会议室
11. 祷告室
12. 空中花园
13. 展览区
14. 馆员室
15. 珍本图书
16. 仓库

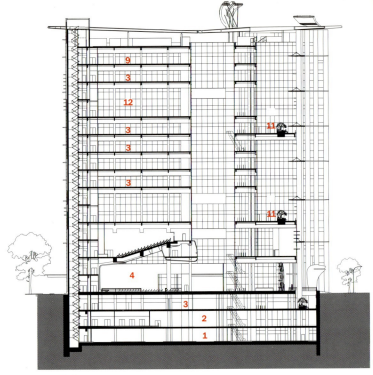
A-A剖面图

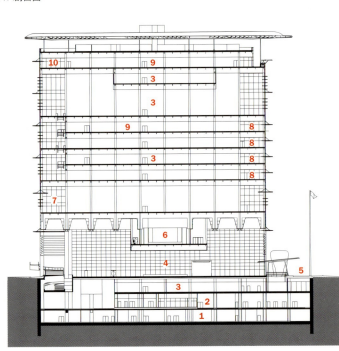
B-B剖面图

1. 停车场
2. 装卸区
3. 书库
4. 有顶广场
5. 主台阶
6. 剧场
7. 剧场管理处
8. 阅览
9. 图书馆办公室
10. 露台
11. 空中花园
12. 期刊室

馆藏书库和文化展厅分别所在的两个体块之间的空隙令清凉的空气得以行遍整个建筑区域。20ft宽的"超级鱼鳍"横跨这条缝隙,帮助遮蔽阳光

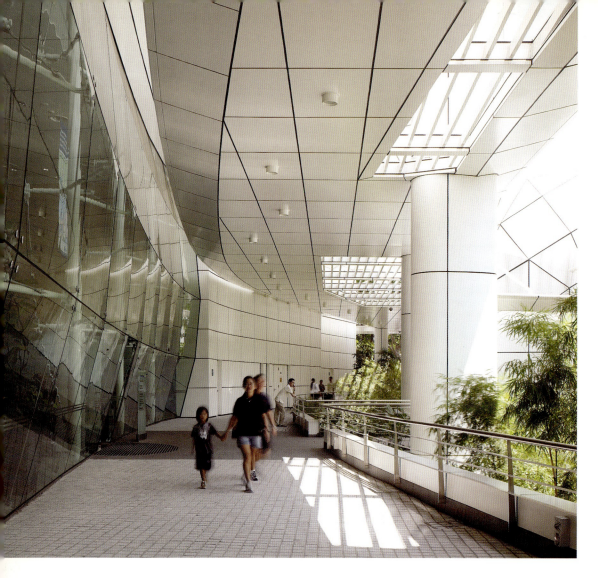

在新加坡这样的热带地方，荫凉远比丽日更加吸引行人。建筑的外沿都用玻璃天篷遮盖（对页图），人们进入图书馆，都要先通过建筑底部的一个有顶的广场。一条有顶的人行道沿着基地的东面展开（左图），那里的一个下沉式广场将阳光带入地下一层

这幢建筑何以变得环保？

- 一系列的避光设施，包括20ft阔的"超级鱼鳍"，保护玻璃幕墙不受烈日侵害。
- 建筑分割为两个体块，其中一个体块悬于地面之上，使风可以流通，从而起到降温作用。
- 建筑内部只有部分采用空调制冷，其余均利用自然通风或机械（如风扇）制冷。
- 感应器控制光照设备以尽量减少其使用。
- 将近7万ft²的绿化覆盖建筑。

二种则通过降低室温来控制温度，而以能源的损失为代价。在国家图书馆的设计中，杨经文探索了第三条途径，即利用自然凉风，设置阳光遮蔽系统，采用日光照明策略，在露台和空中花园种植绿化等，从而使建筑既透明，又环保。

乍看起来，这个建筑显得略微有些哗众取宠：东立面光滑如镜，一排巨大的如叶片、搁架一般的东西突出体块之外，又有一顶飞碟形状的观景凉亭翼然凌驾于屋面之上。其实这些看似花哨的小动作都使得这个占地63万ft²、高度却只有16层的矮胖建筑一扫重浊之感，隐现灵动之气。此外，建筑师还在它结实的白色形体上切出深深的凹陷和空中花园，这样无异于玩了一手生动高明的光影游戏，不仅能够悦人耳目，而且为楼中的人们提供了清凉消暑的空间。

杨经文回忆道，1998年新加坡国家图书馆管理局为这个项目进行设计招标的时候，并没有提出绿色建筑的要求。"他们要的只是一座民用标志性建筑"，他说。随着近年来新加坡从工业经济转向以信息技术和服务业为主导的经济模式，新加坡政府开始承担起了不断扩张的教育机构的建造工作，其中有一些还请到了顶尖的国际建筑师事务所如詹姆斯·斯特林／麦克尔·威尔福德（James Stirling/Michael Wilford）[见《建筑实录》，1997年5月，第102页] 和 格瓦思米·西格尔（Gwathmey Siegel）[见《建筑实录》，2001年12月,第92页]来担纲设计。这个城市岛国正试图给

它那素以购物和餐饮为基本休闲活动的都市生活方式添上一层文化的气息。而地处闹市的一座新的国家图书馆建筑则提供了将学习与文化带至一个引人瞩目的场所的机会。

杨经文的投标作品将建筑分割为两个独立的部分：东面是一个香蕉形的展厅和文化活动区，西面则是藏书区和阅览室，建筑形态较为厚重。一个高耸的中庭，或者说是一条半封闭的"街道"，横跨在这两个部分之间，在较高的几层上又有桥结构相互沟通。设计师把藏书区从地面提高了一层，于是底层便出现了一个有顶的广场，构成了一个不受烈日风雨影响的户外咖啡厅和公共活动场所，可作书市，可作舞台，如此等等。评审团被这个设计向城市贡献的新型民用空间和在与藏书并行不悖的情况下提供的展览机会所深深打动。杨经文说："委托人告诉我，我让他们重新思考了图书馆的功能。"1999年5月，评审团正式将这项设计委托给了杨经文，而没有采纳麦克尔·格雷夫斯（Michael Graves）、莫什·萨弗迪（Moshe Safdie）、米切尔／朱戈拉（Mitchell/Giurgola）和日建设计等事务所的方案。项目于2001年11月动工，2005年11月向公众开放，耗资2.04亿美元。建造接近尾声的时候，杨经文成了伦敦卢埃林-戴维斯-杨事务所（Llewelyn Davies Yeang）的合伙人。这家事务所如今是他在科隆坡的事务所汉沙扬（T.R. Hamzah & Yeang）的姊妹公司。

同杨经文所做的任何一个项目一样，他的第一项举措就是根据太阳和

楼顶的圆形厅不仅提供了很好的观景点,而且也可用于举行一些特殊的活动(右图)。图书馆的各类馆藏都拥有各自的阅览区和书架,并各自占据一面弧形的墙壁来陈列(对页图)

风向为国家图书馆确定最适宜的朝向。为了阻隔午后的阳光,他将藏书所需的一系列支持和服务设施在建筑的西部边缘上一字排开,从而为宽敞的阅览室和开架书库设置了一道气候缓冲区。在东立面上,他倾斜了建筑的角度,使得阳光无法直射,而只能投下丝丝缕缕的光芒;同时利用大量突出的遮光面板和不透明的窗下玻璃来保护低辐射的玻璃幕墙。巨大的金属页片将敞开式的中庭空间在南北向上切割成一片一片,既阻断了阳光直射,又可将光线跳跃式地弹射到室内空间的深处。这些由交叉钢管支架撑起的宽及20ft的"超级鱼鳍"使人联想起老式复翼飞机的翅膀,并且给建筑的南北立面加入了一些大胆的元素。虽然东南亚地区大多数的大型建筑都采用混凝土框架,杨经文的结构工程师伯罗哈波·尔德(Buro Happold)新加坡公司却为国家图书馆设计了一个钢结构系统,部分是基于钢这种材料可以循环利用,并且施工起来比较快捷。

将藏书向上提升离开地面,不仅创造出了一个公共广场,而且有利于空气流通,可以降低建筑的温度。同样地,带顶的中庭为南北走向,有利于捕捉凉风[同时又构成了向南观赏隔维多利亚大街相望的圣约翰教堂(St. Joseph's Church)的视野。中庭的玻璃顶上安装了百叶,利用对流将热空气抽离室内。另外由于中庭和广场都不属于封闭空间,杨经文得以说服管理部门不将此二者计入建筑容积率之中。

充足的光照和一系列避光设施的安装,使得图书馆的大部分室内空间可以利用自然光,而不需过分地借重于电灯的使用。两组感应器(一组设置在建筑周界中,另一组则更为深入)控制着照明设备,使得室内的各个区域随时保持着充足的亮度,同时把能耗降到了最低。

建筑师还在建筑内部采用了一套温控分区系统。他根据每个区域的使用情况为其定制了个性化的气候控制方案,而不是将每处空间都一视同仁。于是,馆藏、阅览、剧场等采用了全空调制冷和全电力照明(杨经文称为"完全模式"),广场采用自然通风并在很大程度上采用自然照明("被动模式"),而门厅、休息室等过渡空间则采用自然和机械如风扇通风相结合的手段("混合模式")。

通常,杨经文的作品不单运作起来是"绿色"的,其本身往往也是绿色的,这得益于他在露台和空中花园遍植绿化。就国立图书馆一案来说,他开辟出了将近7万ft²的此类绿色空间。大多数的楼层上都有转角平台,台上花草葱茏;此外整栋建筑又有六个大型的空中花园,分布各处。杨经文说:"在自然界,大多数的物体都是由有机物和无机物共同构成的。我们试图通过将植物引入建筑体内来模仿这种状态。"在这个项目中,绿色植物从地底下就开始了。建筑师掘出了一个地下庭院,在里面植下绿色。这些绿色植物把自然光线带入地下,形成了一个光亮明媚的处所。这里便是图书馆的外借层(除此以外的图书馆藏均不流通)。在第五层和第十层,他由东立面切入而造成两个45ft高的空中花园,内有大树、曲径,还设有供人休憩的长凳。

杨经文在以往项目的设计过程中常常利用电脑和模型来测试他的设计想法。而国家图书馆的规模和预算相对来说都更为巨大,这就使得他可以进行热工、遮阳、自然照明和风力模拟等方面的试验,以很好地调控

宽敞的空中花园为读者提供了一个很好的户外绿色休闲场所。感应器有助于降低灯光设备的使用（下图表）

设计过程中的每一个阶段和步骤。结果，他把项目的计划能耗降低为每年185kwh/m², 远低于新加坡一般写字楼每年230kwh/m²的耗费。去年11月图书馆开放后，它的实际耗能为每年162kwh/m²，甚至低于设计值。基于这一点，新加坡建设局为这个项目授予最高的绿色标志铂金（Green Mark Platinum）级别。

新国家图书馆仿佛是新加坡的一个新时代的标志。这个国家正试图摆脱过去给人的效率高却管得严、婆婆妈妈的印象，而希望它的人民多多使用大脑而非肢体来释放经济能量（新的自由空气甚至还允许一定范围的博彩业存在，但这又是另外一回事）。通过那令人耳目一新的环保型设计，杨经文用给予这个国家的一幢建筑指出了一个由信息、环境技术和文化领航的未来。■

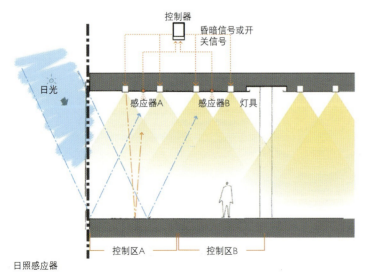

日照感应器

材料／设备供应商
结构钢：Continental Steel
结构封胶：Dow Corning
幕墙用垫材：Gaintect
玻璃：Singapore Safety Glass
可视玻璃和窗下玻璃：AFGD Glass
旋转门：Flamelite
涂料与染料：ICI Paints
组合室内板：Mitsubishi Chemical Functional Products
铝板：Alcom Malaysia
地面与墙面用陶瓷砖：Leefon
地毯：Shaw Industries
厅堂座椅：Ergoworld; Besco Building Supplies
剧场座椅：Besco Building Supplies
布艺：Pacific Furnishing; Fabricnation
无障碍电梯：Fujitech Singapore

图书馆的各类馆藏都在一个开放的阅览区供人阅读。在透过幕墙可以望见的另一面,展览区域可以和馆藏配合举办一些相应的活动

建筑师们修复了已成为文物建筑、具有装饰艺术风格的基座外观,但作出了一个激进的决定,将这个6层的建筑物掏空,使塔楼在视觉上悬浮于其上(本页和对页图)

一座玻璃和钢的塔楼，悬浮于低层的历史性建筑之上——**福斯特**及合伙人事务所的新作**赫斯特大厦**首次亮相于曼哈顿 For its Manhattan debut, **Foster** and Partners creates the new **HEARST TOWER** with a glass-and-steel shaft hovering atop a vintage low-rise

By Sarah Amelar　钟文凯　徐千禾译　孙田校

纽约的赫斯特大厦有点儿像跳出小人的玩具盒，只是跳出来的不是小人。在20世纪20年代建成、装饰华美的基座上方，不锈钢表面的斜角网格结构如巨大的剪刀升降梯般升起，然后出人意料地戛然而止，并没有在46层楼的顶部留下任何形式上的高潮。这座玻璃和钢建成的多面体塔楼，从一幢6层楼高、装饰着华丽的寓言雕塑和顶部带瓮的纪念性柱式的铸石灰石基座上腾空而起，同时抗拒、实现和（当然是在可持续性技术方面）超越了78年前建造最底下的楼层时曾经追求过的理想。

在1928年，当最初的6层楼房建成时，传媒大亨威廉·伦道夫·赫斯特（William Randolph Hearst）展望它将会成为一座未来塔楼的基座，以及他想像中的将雄踞北面哥伦布圆环（Columbus Circle）的地产王国的起点。尽管大萧条年代的到来使这个雄伟的构想不得不被束之高阁，但是由建筑师约瑟夫·厄本（Joseph Urban）设计的6层4万ft²的建筑物在接下来的75年里还是成为了赫斯特公司的期刊业总部。这个具有戏剧性的折衷主义装饰艺术（Art Deco）风格、缺少顶部的U型基座在第八大道上从第五十六街延伸到第五十七街，在摩天楼林立的都市里永远都像是一座被怪异地削去了顶端的纪念碑。

至2001年，当公司委托福斯特及合伙人事务所在此建一座塔楼时，原有的立面已经成为文物建筑被保护起来，只能原封不动。自从基座完工以后，公司的一些雄心壮志自然已经转移，而另一些则丝毫未改。首要的目标仍然是要把以纽约为总部、赫斯特公司旗下发行的所有期刊集中在一个屋檐之下，但是刊物数量已经从1928年的12种增加到了16种，包括《Esquire》和《Cosmopolitan》等流行杂志。除了为每种刊物提供约2万ft²（有个别的大小例外）的楼层面积以外，新建筑物还需要增设试验厨房、实验室、健身中心和一个完整的电视台，使总建筑面积达到8.56万ft²。

在项目的实施过程中，业主逐渐对如何使建筑物给城市带来的既是最小的也是最大的影响发生了兴趣———座既能成为地标同时又具有环境意识的摩天楼，或者像赫斯特公司的网站所标榜的那样："不仅仅是更美的天际线，而是更美的天空。"虽然该公司在可持续性建筑方面并没有特殊的历史，但是福斯特及合伙人事务所却深谙此道，进行了应用性研究并完成了一系列绿色技术工程，包括欧洲的最高建筑——法兰克福的商业银行大楼。福斯特的资深合伙人布兰登·霍（Brandon Haw）说，赫斯特的领导人即便是没有追求绿色的初衷，他们也欣然拥抱其可能性，并抓住机会，高姿态地将环境责任感提升到新的高度，就像他们的竞争对手康迪·纳斯特公司（Condé

Nast）曾经尝试过的那样。该公司的总部大楼由福克斯和福尔（Fox & Fowle）设计，仅隔14个街区[见《建筑实录》，2000年3月，第90页]。

选择诺曼·福斯特（Norman Foster）这样一位尚未在纽约亮相的世界级建筑师绝不是意外，尤其是他的事务所拥有对著名的，但也许是年久失修的历史性建筑或遗址进行大量加建的经验，包括柏林的国会大厦（Reichstag）[见《建筑实录》，1999年7月，第103页]和伦敦的大英博物馆大展苑[见《建筑实录》，2001年3月，第114页]。但即使是有着如此的简历，建筑师们最初还是觉得厄本设计的建筑是"一件奇怪的装饰艺术风格作品和一个倨容满面的地标。"霍回忆道："我们真不知道该从何下手。"

最终，该事务所激进的"下手"方式是把整个基座掏空并修复其外观，同时通过拆除现有的楼板来打通内部的空间。建筑师们认为现有的

项目：赫斯特大厦，纽约城
建筑师：Foster and Partners——
Norman Foster, Brandon Haw, Mike Jelliffe, Michael Wurzel, Peter Han, David Nelson, Gerard Evenden, Bob Atwal, John Ball, Nick Baker, Una Barac, Morgan Flemming, Michaela Koster, Chris Lepine, Martina Meluzzi, Julius Streifeneder, Gonzalo Surocca, Chris West, John Small, Ingrid Soken
当地合作建筑师：Adamson Associates

总平面图

1. 赫斯特大厦
2. 设菲尔德大楼

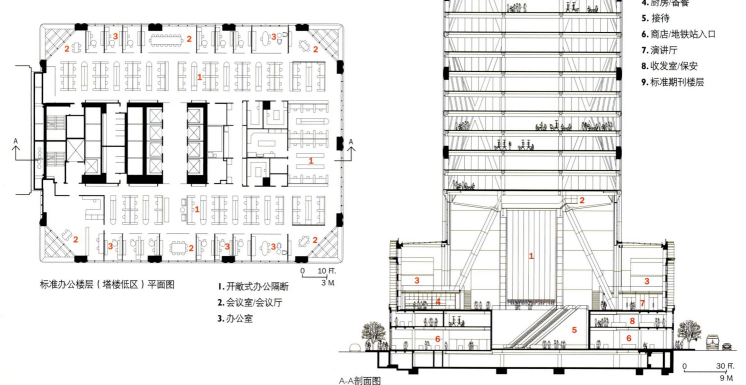

赫斯特大厦包括一个功能齐备的电视台、健身中心、实验室和试验厨房。因为相邻基地上的谢菲尔德大楼将会阻挡朝西的视野，建筑师们把电梯核心筒移到靠西的分隔墙（左端，上图和下图）

标准办公楼层（塔楼低区）平面图

1. 开敞式办公隔断
2. 会议室/会议厅
3. 办公室

A-A 剖面图

1. 赫斯特大厦门厅
2. 设备用房
3. 展览厅
4. 厨房/备餐
5. 接待
6. 商店/地铁站入口
7. 演讲厅
8. 收发室/保安
9. 标准期刊楼层

因为斜角网格消除了角柱的需要,建筑师们得以切削体量,创造了多面体和"张开鸟嘴"的雕塑造型

高窗带和天窗把日光带进大堂，同时使新塔楼和古老的基座显著地分离开来。3层高的"冰瀑"和自动扶梯将这一区域与下面的街道标高连接起来。员工餐厅向更为宽敞的共享空间开放

11.5ft的楼层净高不再符合今天的先进写字楼标准，而简单的原地翻新必然会把"欢庆"的共享空间驱逐到塔楼上面，而不是与街道相连。设计团队计划将掏空之后的内部空间变成一个室内的"城市广场"，塔楼则"悬浮"在上空。"这当然不是常规的解决方案，"福斯特勋爵承认，"每个人都说，'在纽约你不能这么干，你会被指责为立面主义（Facadism）的'"（虽然在最后，文物建筑委员会首肯了这一方案）。

为了实现这一方案，建筑师们加固了现有的外壁结构（因为拆除了原有楼板而变得非常必要），垫厚墙体，刷上室外石灰涂料——内外的翻转类似于该事务所在大英博物馆将室外墙面转化为室内墙面的手法。在赫斯特大厦，福斯特及合伙人保留了街道层的零售空间和地铁站入口，把大堂（连同新的492座餐厅和167座演讲厅）提高到地上三层，通过自动扶梯到达。尽管共享空间里洒满了光线，改造后的墙体也颇具份量，然而城市广场的效果却依然缺少说服力，外墙也始终未能摆脱其舞台背景的本质。

在大堂内部，透过周边的平天窗可以看见上面的塔楼——这种景象被一些人描述为"悬浮"或者令人惊异地拔地而起，而另一些人却认为这简直是耸人听闻。当然，以装饰华丽的基座和棱角分明的塔楼进行大胆并置的做法与该事务所以往的作品是一致的，通常是强调新旧之间的差异，偏爱材料、形式和结构体系的对比辉映而不做风格上的模仿或者折衷。霍说，这个设计"其实是由一系列非常实际的考虑因素推动的"，包括希望塔楼从有历史价值的基座上退后，优化新建筑的视野，融入城市天际线。

因为相邻基地上的设菲尔德大楼（Sheffield Building）阻挡了朝西的视野，建筑师们把电梯核心筒移到靠西的分隔墙。这一偏移与常规的中央核心筒相比增大了贯通的楼层面积，但是却使东立面变得不够稳定，在横向风力作用下显得脆弱。建筑师们决定，结构方案要么必须是"粗壮的"（也就是笨重的）抗弯框架，要么是视觉上和物质上都更加轻盈的斜角网格——根据他们的计算能够：a)节省20%的总用钢量；b)增强结构刚度的同时减少结构重量；c)允许40ft的柱距，带来最大限度的无柱空间；d)允许取消转角处的支撑。他们选择了斜角网格方案，接着进一步完善其三角形多面体的三维形式，削去转角处的体量，创造了具有特殊雕塑感的"鸟嘴"造型。外骨的形式使人联想起一个穿着格子状紧身衣的小丑的巨大图案，其尺度感容易使人产生错觉，因为每条三角形斜边跨越4层楼。

"三角形在自然界里无所不在"，福斯特说，接着他又补充道，"这是一个优美的体系，把视觉上的轻盈带给了一座原本可能会是矮胖的塔楼，毕竟，46层楼以纽约的标准来衡量算是低的。"尽管晶体般的几何形式成功地随着视点的变化而不断飘忽闪烁，这一结构在某些地方却显得强健有余而轻盈不足——比如在大堂内部，不锈钢表面的巨大柱子和倾斜构件强有力地穿透空间，将斜向网格的负载传往地下。

三角形的语汇（多为实用性的，而非装饰性的）渗透于基座和塔楼的室内。刚踏进建筑物的大门，人们就被三道3层高的自动扶梯从街道的标高带上大堂，也就是福斯特所说的主层（piano nobile）。自动扶梯（在平面和剖面上）斜着切过"冰瀑"，一幕在发光的、压铸玻璃制成的倾斜墙面上潺潺流下的水景，这是建筑师与艺术家詹姆斯·卡彭特（James Carpenter）合作设计的作品。用回收雨水供应的水瀑有着重要的功能，在夏天给宽广的大堂降温（用冷却水），在冬天则使空气保持湿润。地下室1.4万加仑的回收池把雨水储存起来，不仅输送到喷泉，还用于补充办公室内因空调而蒸发掉的水份，以及浇灌主入口外面的植物。另外，门厅的石灰石地板下安装了一套循环水辐射系统，根据需要对这一区域进行降温或者加热，充分利用石材体量的储热性能和水流的导热效率。

赫斯特大厦以实行了众多的环境保护措施为骄傲，预计将会获得美国绿

这幢建筑何以变得环保？

- 1.4万加仑蓄水池回收的雨水被瀑布再利用，根据需要使大堂降温或保持空气湿润。
- 回收的材料，包括85%的钢材。
- 低辐射镀膜玻璃，在带进充足日光的同时不增加热辐射。
- 室内装修采用可再生、低污染的材料和产品，多为本地生产。
- 节约用电和用水的感应器。

自动扶梯（上图）把街道标高的入口连接到大堂，即室内"城市广场"。从城市广场透过天窗可以看见悬浮在上空的塔楼。不锈钢表面的斜向网格的支撑结构穿透大堂（右图）

"冰瀑"是建筑师与詹姆斯·卡彭特及流度（Fluidity）公司合作完成的，卡彭特研制了压铸玻璃，流度公司则负责控制水流特性和缓急

色建筑委员会（USGBC）授予的LEED金质奖资格认证。若要从头说起的话，废物回收自房屋拆除的时候就开始了。塔楼85%以上的用钢都是回收的，而斜向网格估计也节约了2000t的钢材。气候调节系统采用"免费空气制冷"，据项目建筑师迈克尔·沃泽尔（Michael Wurzel）称可以在一年75%的时间里直接使用经过滤的室外空气而无需温度调节。其他特征还包括反射性的屋面铺地，通过减少太阳能吸收来提高能源使用效率，以及低辐射镀膜玻璃，带进充足日光的同时不增加热辐射。还有其他细微的措施，例如，遍布整幢建筑物的感应器可节约用电和用水。

因为这幢建筑物（造价逾5亿美元）是私人拥有并完全归物主使用，业主和建筑师得以在多个层面上主导有关绿色技术的决策权。甚至在室内装修部分，从地毯到桌面也都采用了可再生材料制成低污染的饰面，大部分的材料和产品都在本地生产。虽然世贸中心7号楼比赫斯特大厦抢先一步拿到了纽约市的第一项LEED金质奖，但是那幢大楼是一个出租类的开发商投资项目，其资格认证是以美国绿色建筑委员会仅限于核心筒和外墙的试验性条款为标准的，因此也就绿得远远不够全面。

从美学的角度来看，赫斯特大厦的私人业主和公司的自身使用允许建筑师在空间布局和形式创新方面敢于冒险，创造出高耸的门厅和转角的"鸟嘴"——这是一个必须充分利用每一平方英寸面积去谋取租金的业主所不能容忍的。赫斯特公司的员工目前正陆续迁入，已经开始涌向餐厅和健身中心

（位于第十四层），到室内"广场"上聚会，在奢侈的光线、空气和空间里尽情享受——这在曼哈顿的办公大楼里是不可多得的。尽管在豪华门厅里设置喷泉的想法逃离不了显示企业实力的老路子，但是建筑师们却为此注入了新的生命和绿色的意图。当然，在对建筑表皮的探索中，他们发明了一种前所未有的外围结构。

作为一幢具有争议性的建筑物，赫斯特大厦有它的赞誉者，他们热切地期待它出现在天际线上。同时，不可否认的是，赫斯特大厦也有批评者——包括一位评论家说它被"随意地切削"和"与天空生硬地相遇"，或者街上的女士会将它比喻为"花边桌垫上的水晶瓶"。

但是引起争议并不一定是件坏事。"我知道这幢塔楼在顶上没有通常的戏剧性动作，"福斯特勋爵说，"但是这个房子在很多方面都不是墨守成规的，对此我无须道歉。"■

材料/设备供应商

幕墙：Permasteelisa
办公家具：Steelcase
可卸隔断：Lema
室内装饰：Vitra; Walter Knoll

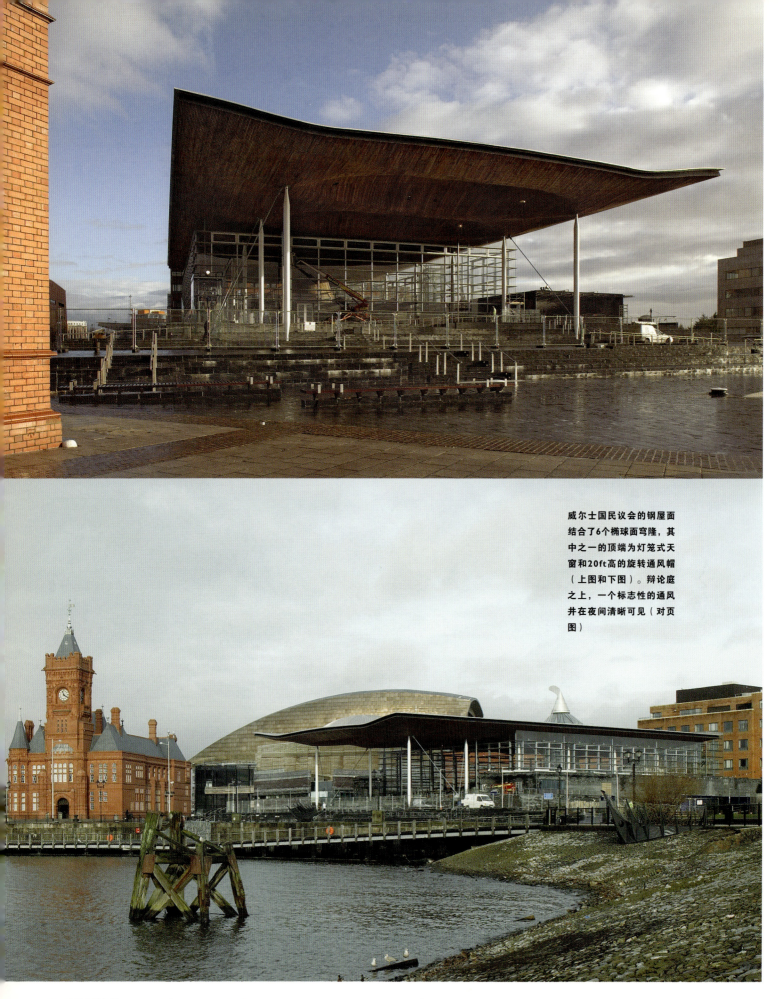

威尔士国民议会的钢屋面结合了6个椭球面穹隆,其中之一的顶端为灯笼式天窗和20ft高的旋转通风帽(上图和下图)。辩论庭之上,一个标志性的通风井在夜间清晰可见(对页图)。

理查德·罗杰斯在威尔士国民议会的设计中以透明性和环境责任为主导价值 Richard **Rogers** used transparency and ecological responsibility as guiding values in his design for the **NATIONAL ASSEMBLY FOR WALES**

By Catherine Slessor　孙田 译　钟文凯 校

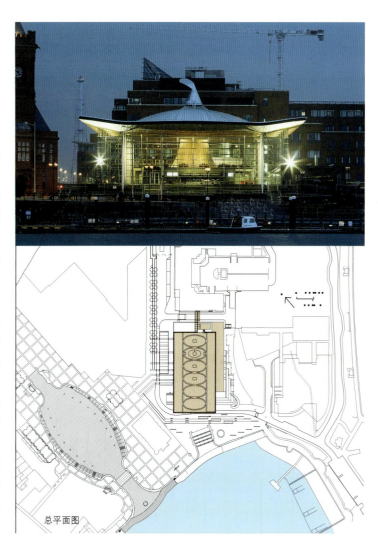

总平面图

新的威尔士国民议会，对这一相对谦逊的建筑，议会身负极大的政治、经济和建筑学的期待。就政治而言，它代表着威尔士民众的雄心热望，1999年他们在全民公决中投票支持其国族事务一定程度的自治。虽然威尔士成为联合王国的一员，已逾四个世纪，这一现代公国仍保有一种强烈的国族倾向，警惕着可以觉察到的来自威斯敏斯特的伦敦议会的遥远和往往专横的权力。这种对政治自治的渴望与一种高度投入的威尔士身份和文化的认同意识相匹配，表征为威尔士语言的复苏——学校里广泛教授这一语言，双语表达则在公共领域相当普遍。

就经济而言，新的国民议会被构思为加的夫城市雄心勃勃的更宏大计划的推动力。虽然加的夫是威尔士首府，但更多的人认为它是一个不修边幅的港市。坐落于突堤前端，为废弃的港区所环绕，这幢建筑是加的夫湾再开发的关键催化剂。诸如煤与航运等重工业的崩溃曾使加的夫湾一蹶不振。就建筑而言，赌金甚高，委托被授予理查德·罗杰斯——他以创造一座物质和精神上表征威尔士国家地位和现代民主政府的建筑而在一次邀请竞图中获胜。而当地对高调建筑师的设想的反应并不总是正面的。在20世纪90年代，Z·哈迪德在加的夫湾一块邻近场地的威尔士歌剧院方案流产，证明了小器的地方主义对建筑创新的苦涩胜利。罗杰斯无疑知晓哈迪德的经历，他小心从事，即便如此，造价还是从原初预算的2700万英镑（4900万美元）升至最后的6700万英镑（12150万美元），导致设计变更和委托协议方面令人费解的一波三折——罗杰斯一度被解雇，复又被请回。

相对于已故的加泰罗尼亚魔法师恩里克·米拉耶斯（Enric Miralles）及其健在配偶贝内德塔·塔格利阿韦(Benedetta Tagliabue)恣肆挥洒的苏格兰议会大厦，威尔士国民议会是一个较清晰、简单的都市任务。透明性和物质上的开敞性是这一建筑功能计划的关键原则，它被果断地处理为一座在包覆深色威尔士页岩的巨大方形基座之上的玻璃馆。沉入致密的地质感的基座中的是一个地下辩论庭，一个巨大的圆锥状通风井穿过玻璃馆，穿透悬浮的屋顶平面，为辩论庭提供照明。波动如一块抖动的地毯，屋顶的成型下表面(contoured underside)为条状不加修饰的红松木。纤细的钢柱支撑着起伏的屋面，屋面延伸于密斯式的玻璃盒子之外，塑造了一个庄重而开敞亲切的柱廊空间。

这样的组合反映了这幢建筑内部组织的强烈公众/政治二元色彩。政治家的区域，是隐匿的地下迷宫：辩论庭、新闻设施、会议和委员会房

Catherine Slessor 是伦敦《建筑评论》杂志的执行编辑（managing editor）。

项目：威尔士国民议会，威尔士加的夫
建筑师：Richard Rogers Partnership—Richard Rogers, principal; Ivan Harbour, project director; John Lowe, project architect
工程师：Arup (structural, wind)
顾问：BDSP (环境); Gillespies (景观)
总承包：Taylor Woodrow

摄影：© RICHARD BRYANT/ARCAID

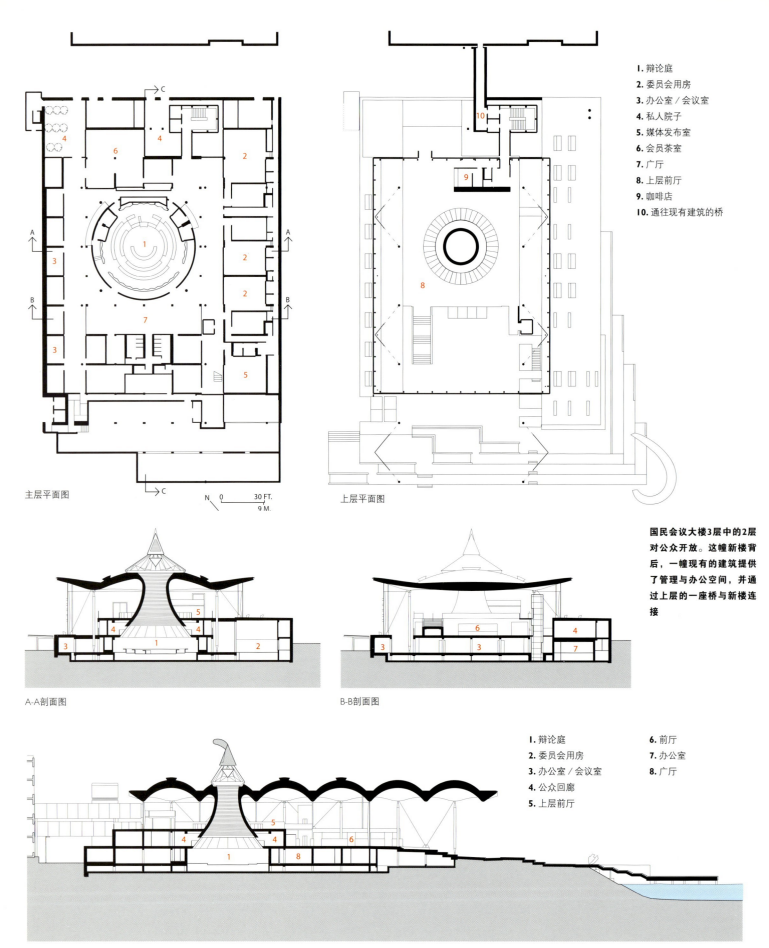

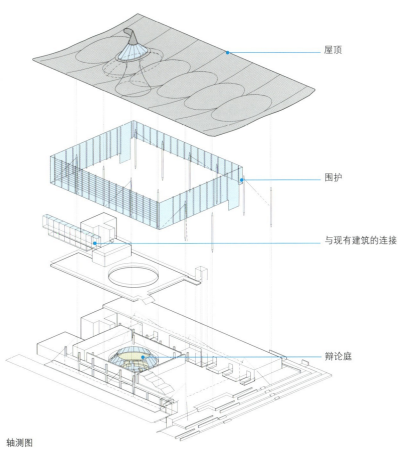

屋顶
围护
与现有建筑的连接
辩论庭

轴测图

间均在基座之下。而更光亮、开敞的公众空间被抬高至其上。事实上，这一微微闪光的玻璃馆成为了一个文明有礼的城市起居室，公众在通过了必需的机场式安检之后，可自由闲逛。在此，访客可以品味加的夫湾对岸的景致、步入咖啡厅小憩、邂逅（take in）即兴的音乐或戏剧表演，或是观看严肃些的对位于其下的辩论庭状况的电视转播。雕塑感的雅各布森（Arne Jacobsen）座椅则为公共空间增添了斯堪的纳维亚式的优雅。

深色石板塑造了安放玻璃馆的基座（上右图），并被铺入玻璃馆中作为主要公众空间的地面（右图）。威尔士橡木出现与大部分家具和固定设施中

在威斯敏斯特的议会中，历史性的座席安排将辩论双方分置两端，以鼓励交锋。有别于此，威尔士国民议会辩论庭的环状形式是有意识地反对抗性的。60个座椅依同心圆排列，资深的阁僚则居于内环。一条公众回廊设有高靠背座席，俯瞰辩论庭，辩论庭仿佛表演场地设在观众中间的戏院，有了亲切感。在"9.11事件"发生之后，将这一空间处理为单个、流动的整体的最初意图被遗憾而可以理解地修改了。现在，政治家们与公众之间隔着一道角度的钢化玻璃屏障。其他强化的安全举措包括玻璃幕墙的防爆处理——机巧无痕地融入一系列横向紧固件中。

日光通过巨大的圆锥状通风井的顶端，在一列起伏有致的镜面的帮助下，渗透至辩论庭。本来，这一建筑将有三个这样的凸起，但是要求改变了。这独一的通风井现在强调地表征了地下辩论庭的存在，同时也在这座建筑的环境控制战略中扮演着重要角色。在竞赛阶段，环境影响及可持续性即被认为是非常重要的，罗杰斯的团队则以一个主要靠自然通

木贴面的通风井周围的接待区域和上层前厅鼓励公众步入、放松,甚至安享一杯茶

建筑何以变得环保?

- 日光照明在公众区域的广泛使用。
- 反射管与镜面将日光带入位于地下室的辩论庭中。
- 空气被吸入基础中的管道冷却,然后被送至建筑各处。
- 自然通风。
- 圆锥状通风井顶部的通风帽控制通风。
- 地热交换通过330ft深的30个钻孔进行。

风的设计回应,并以混凝土框架和页岩基座提供储热体量。空气被吸入建筑基础中的一个大管道(plenum),进入委员会用房,由天棚天窗中的通风孔排出。辩论庭上巨大的通风井以20ft高的旋转通风帽(欧洲最大的一个)为顶,这一通风帽捕捉并驾驭风以保证辩论庭空气流通。此通风原理是英格兰东南部传统烘炉房(oast house)的一种现代演绎。在烘炉房中,通风帽被用于将空气带入啤酒花干燥窑["好多热空气"(a lot of hot air)是一句英语习语,指说话喋喋不休]。对于向各种团体展示这幢建筑的导游而言,将政治家与热空气相联系则提供了无尽的妙语谈资。

国民议会亦有地热交换系统,包括30个钻入地下330ft深处的钻孔。制冷剂被泵入钻孔中并通过热交换器。在夏天,从土地中抽离的冷空气补充着自然通风。当钻孔周围的泥土随着炎热的季节逐渐升温时,这一系统在冬季可被反向使用以对建筑供暖。只有在非常热的日子里(这在潮湿、多风的加的夫是罕见的),传统的制冷系统才加入工作;在冬季的严寒日子,烧柴的锅炉则可助一臂之力。设计中,比较常规的可持续性事项包括指明使用当地材料,诸如潘瑞恩(Penryn)页岩和威尔士橡木——以降低运输成本和能源损耗。

这幢新的国民议会协同处理了字面的和隐喻性的透明性、结构创新(ingenuity)和环境意识,将其汇为一个现代社会中政治与政府角色的一个得体而近人的表达。它没有夸张的国族宣言,而清晰抒情地颂赞了威尔士,希望政治的质量将能与这幢建筑的质量相匹配。

材料/设备供应商
玻璃:Haran Glass
屋面材料:Lakesmere
电梯井玻璃:Astec Projects
室外石质铺筑材料:Marbrerie Allard & Fils
木板路:Dean & Dyball
通风帽/辩论庭中的内向镜面圆锥:Vision
照明:Whitecroft Lighting
可移动家具:Attic 2

关于此项目更多信息,请访问 *www.archrecord.com* 的作品介绍(Projects)栏目

本来，辩论庭和公众回廊是一个流动的空间。但"9.11事件"以后，对安全的顾虑强制了设计变更，包括将两个区域以玻璃相隔

河流生态馆巨大的体量贴合着地势，使人想起当地富有特色的科洛莫基古冢群（本页及对页图）。外部使用的建材是混凝土和粗加工的石灰石

洪水肆虐以后，佐治亚州的奥尔巴尼小城在建筑师**A·普雷多克**的协助下完成了城市重建中最重要的一笔：一座**河流生态馆**，以此纪念当地的水文化 After torrential floods, Albany, Georgia, reinvents itself with a centerpiece by **Antoine Predock**: a **RIVERQUARIUM** celebrating local aquatic culture

By Sarah Amelar　徐迪彦 译　孙田 校

美国建筑师协会会员、建筑师A·普雷多克（Antoine Predock）是这样评述他新近完成的弗林特（Flint）河流生态馆的："这是一个建造在美国的小城镇和强大的自然系统的一个奇妙交叉点上的项目。"诚如他所言，这座建筑在奥尔巴尼城市和它丰富的水资源之间谋求着和谐。温和的城镇化和原始的水环境的奇异并存向来是佛罗里达州首府塔拉哈西（Tallahassee）以北85英里处这个不足10万人口的小城的一个核心命题，几乎昭示了市政当局和反复无常的河水之间的最基本的关系。

弗林特河既是财富，有时又是毁灭的源泉。它最初招来了克里克联盟的印第安人（Creek Indians）在岸边定居，到了1836年，这条全长350英里的水系又引得纳尔逊·蒂夫特（Nelson Tift）来此开办了河运业务。于是城市建立起来了，蒂夫特用纽约州的首府、当时非常繁华的贸易中心奥尔巴尼的名字来给它命了名。可是低平的水位和遍布的沙洲终于阻断了船只的航行。及至上世纪伊始，这个佐治亚西南边陲小城的货运已经从水上转移到了铁路。虽然数年以后像宝洁（Proctor & Gamble）、M & M/Mars和默克（Merck）这样的大公司都在城内设立了制造点，并且运转至今；不过这条河流还是没有受到什么冲击，反倒更因此逃脱了许多其他河流所遭遇到的悲惨命运。然后大洪水就来了：1994年一次，五百年一遇；1998年一次，一百年一遇。激流翻腾滚滚地冲破了奥尔巴尼，给小城带来了惨重的损失，也把当地人们的注意力重新牵回到了弗林特河上。

"百年大计，以河为本。"洪流刚刚退去，奥尔巴尼的城市复兴运动就打出了这样的旗号。市内道路将要被改建，一批公园、轨道、住宅、一个会议中心、一间酒店、数家博物馆和一些历史遗址等等都将要陆续面世。如此雄心万丈的重建规划使得规划师很快断定，必须得有一个"标志性的建筑，像磁铁一样把人们从四面八方汇聚到奥尔巴尼来"，总体负责重建工程的公私合营企业明日奥尔巴尼〔Albany Tomorrow, Inc. (ATI)〕总裁、首席执行官小托马斯·查特曼（Thomas Chatmon Jr.）如是说，"可是什么样的建筑才真正算得上是代表我们的呢？"结论是："一座河的建筑。"这座所谓"河的建筑"，他指的是一所以本地水栖生态系统为主题的自然博物馆。在从州政府获得1500万（后来又攀升到2680万）美元设计建造资助后，ATI承诺将来该馆的维持和运作费用绝对不再向公共基金伸手。

下一步就是搜寻一名享有国际声誉的建筑师，其结果最终指向了新墨西哥州建筑师A·普雷多克，此人曾经做过类似的自然中心项目，虽然也并不是水族馆什么的。查特曼回忆起当时的情景时说："普雷多克第一次来面试的时候，他对于水文、地质、生态、考古、历史，特别是本地土著文化表现出来的了如指掌的气度，让我们为之倾倒不已。"

普雷多克顺利地赢得了这项委托，并着手对河流及周边环境进行进一步的勘察。很快，附近的科洛莫基（Kolomoki）古冢群和蓝洞（Bule Holes）就进入了勘察的视野。科洛莫基古冢群是当地土著部落的一处考古遗存，它启发了建筑的外形设计灵感，建筑师虔诚地称之为"大地上崛起的壮美而沉默的山陵"。

蓝洞是佐治亚东南部和北佛罗里达州的一种自然现象，它对普雷多克乃至他的合作者——美国建筑师学会会员、供职于里昂／萨雷姆巴（Lyons/Zaremba）的波士顿展览设计师弗兰克·萨雷姆巴（Frank Zaremba）两人的设计构思都有十分深远的影响。蓝洞的发生是由于地下石灰层断裂，蓄水层或地下水倒灌入这个巨大的空洞之中造成的。洞中水温一般持续在68°F左右，显著低于环境温度，从而给水生动植物开辟了一个生存的微环境。奥尔巴尼地下蓄水层储量丰富，滋润着地上的植被和农作物。而正是蓝洞这种看得见的含水土层，启发了克里克联盟的印第安人"天堂之水"（Skywater）的圣洁遐

项目：弗林特河流生态馆，美国佐治亚州奥尔巴尼

建筑师：Antoine Predock Architect—Antoine Predock, FAIA, design principal; Sam Sterling, AIA, executive senior associate; Geoffrey Beebe, AIA, senior associate; Stuart Blakely, associate

展示设计：Lyons/Zaremba

合作建筑师：RBK Architects

结构玻璃幕墙上不见直棂,仅以突片加固,因而从"天堂之水"和楼梯上(本页图)眺望蓝洞和远处的河水,视线在这里毫无挂碍

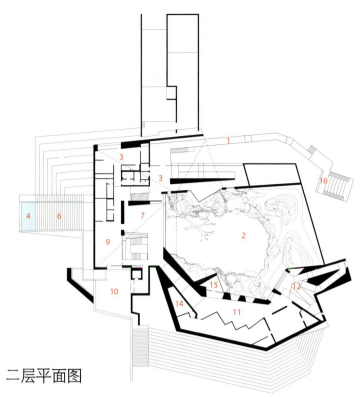

二层平面图

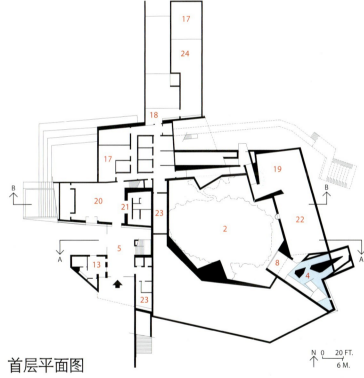

首层平面图

1. 小径（通往弗林特河）
2. 蓝洞
3. 医务室
4. 波光池
5. 门庭
6. 水阶
7. "天堂之水"
8. 蓝洞观赏口
9. 多功能厅
10. 露台
11. 弗林特河展览厅
12. 蓝洞坡道
13. 售票处
14. 视听室
15. 观景台
16. 圆形瞭望台
17. 机械间
18. 装卸码头
19. 水底世界展览厅
20. 博物馆商店
21. 洗手间
22. "发现之旅"洞穴
23. 储藏室
24. 蓝洞生物管理处

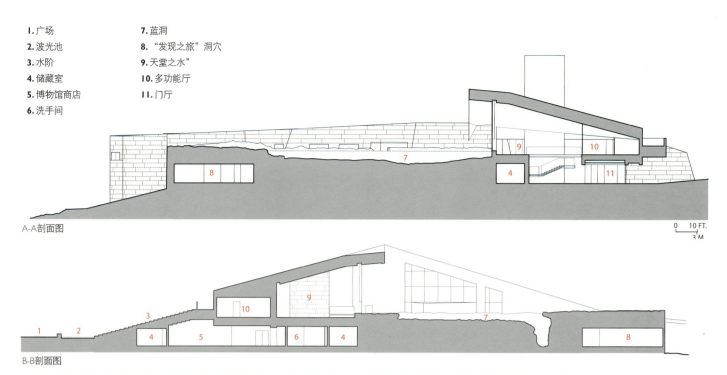

1. 广场
2. 波光池
3. 水阶
4. 储藏室
5. 博物馆商店
6. 洗手间
7. 蓝洞
8. "发现之旅"洞穴
9. "天堂之水"
10. 多功能厅
11. 门厅

A-A剖面图

B-B剖面图

馆内纵横的坡道和楼梯给游览平添了许多乐趣，游览者可以在不同的高度，从极佳的视点观赏蓝洞，比如从水下（左图）或从池上（对页图及左端图）。人造的蓝洞由于栽种了大量植被，随季节轮回而更替，因此显得自然天成、野趣横生

思，因为这些呈现蔚蓝颜色的天然水池，真仿佛挽住了一片碧空似的，也诱惑得普雷多克为此而一纵想像的豪情。

建筑师那一块沿河的建筑基地上可并没有什么蓝洞，潜在的洪水威胁也使得技术上无法容许弗林特河从基地穿过，可是建筑师在建筑的正中央生生造出了一方足有1.2万ft²的人工蓝洞，使得这栋建筑看起来就好像傲立在一片野性未驯的国度之中。

"为了确保在建筑内部（实际是在核心位置上）对于水的体验强烈而饱满，"普雷多克说，"我把建筑的外观设想成一个近乎空白的包装，无声但却震撼人心。"从外边看起来，建筑物呈三角形的躯体倒向中心，上面没有窗，很像是远古的坟头。水流从一侧拾级而下，形成一条略带倾斜的瀑布。外墙用大块石灰石并用混凝土浇筑而成，石块呈梯状排布，粗犷得好似刚从河床上凿下。在这样的环抱中，惟有长过屋顶的高大乔木才隐约透露出一点儿蓝洞的讯息。

放眼望去，建筑庞大的尺度，以及三角形的体量往中间收敛的情态，使人的头脑迅速地闪回到普雷多克早先的一些公共建筑作品上。它与纽约州萨拉托加的唐氏博物馆（The Tang Museum in Saratoga）[见《建筑实录》，2001年5月，第224页]，还有新墨西哥州鲁伊多索的斯宾塞艺术剧院（The Spencer Theatre in Ruidoso）[见《建筑实录》，1998年5月，第152页]简直如出一辙，而这些惊人的相似性都被建筑师归结为他对玛雅文明废墟及其他北美土葬文化的亲近和迷恋。那些"斜侧的、浑似地面翻翘而起的泥墙，那些墙体将天空与大地紧紧相连的轮廓线"，对于他都有无限的吸引力。不过，他也声称，他的每个作品与各自的基地环境都存在着某种独特的关联：唐朝博物馆是水平的走向，连结起斯克德摩尔学院内的各个不同区域；斯宾塞艺术剧院则遥遥呼应着它背后起伏的群山；而弗林特河流生态馆，它"扎根于土地，凝望着河川"。

河流生态馆部分的建筑插入地，这就是为什么人们置身在它3.8万ft²的室内空间，时而会产生出一种强烈的下行感觉。但实际上在下行之前，先得要攀上一间像小小礼拜堂似的屋子，名字就叫作"天堂之水"。屋内既无装饰，也无物件，开阔的空间把人们的注意力一下子都集中到了屋外蓝洞（蓄水17.5万加仑）那引人遐想的水面上。那里的植物随着季节枯更替，再远处就是弗林特河的悠悠流水。建筑就这样像一个不规则的U字怀抱着它的蓝洞，而蓝洞则

日夜抬头仰望着无遮拦的苍穹。结构玻璃的幕墙纤尘不染，不采用直棂，而只用一些突片增加牢度和强度，视线在这里毫无挂碍，直到人造的水体和自然的河流都融作了连续的一体。

从上面俯瞰蓝洞之后，参观者可以沿着室内的一条主干线路继续其游程。这条线路斜斜地盘旋而下，一直通到水面以下。在这里，水又成了观看天空的一面透镜，分不清哪里是水，哪里是天。水下生活着各种各样的鱼、虫、植物，还有两栖类和爬行类，连美洲鳄鱼都没有拉下。普雷多克谈起他和萨雷姆巴的这项杰作的时候是这样说的："我们不想把它简单做成一个盒子，装上水族馆的橱窗。我们想在空间上把参观者和展品混到一块。"于是，闪烁着朦胧灯光的参观通道穿过了石窟洞穴，又穿过了鱼苗的孵化场所，沿途的部分展品在空间上安排得很巧妙，与人的互动更亲密，人的体验也更真实。最后，道路又盘旋而上，回到"天堂之水"。

光是这些展品，对于孩子来说，就已经是个奇观了。他们把小脑袋紧贴在玻璃上，痴痴地观看。而建筑的外观，那些瀑布、台阶和斜面，自成地势，也好像在向孩子们招手。然而也许是这里的管理员害怕承担责任，在各处都张贴了"禁止攀登"、"请勿靠近"的标志。蹒跚学步的幼童好奇地伸手去触碰水面，家长和老师立刻就予以阻止。如果不是价值工程后来取消了建筑师在水梯边建造斜体水墙和在屋面上建造露天草场的计划，这种诱惑恐怕还要更大。不过尽管如此，它招揽年轻观众的总体意图无疑还是达到了。

随着小城不断推进它的总体规划——其中还包括奥尔巴尼骄子雷·查尔斯（Ray Charles）纪念公园的落成——河流生态馆也一直处在发展之中。与它毗邻的户外大型鸟类饲养场和圆形河景瞭望台（也都由普雷多克设计）很快就要投入实施。而这个由至今已逾400万美元的私人捐助建造的蓝洞，如今已经长出了繁茂的植被，随着岁月的流转而生息繁衍，每到春风拂面的时候，就盛放出一片绚烂的色彩。∎

材料／设备供应商
结构玻璃幕墙：Innovative Structural Glass
水阶：Hall Fountains

关于此项目更多信息，请访问
www.architecturalrecord.com的作品介绍（Projects）栏目

建筑师安杰拉·布鲁克斯和儿子考尔德（Calder）在二楼主卧外的露台上休憩（下图）。房子后门紧挨着一个车棚。这个后门原本是平房的正入口（对页图）

皮尤+斯卡尔帕事务所给节能的"太阳伞小屋"那现代主义的骨架铺叠上了"工业个性"的丰富质感与色调

Pugh+Scarpa layer the rich textures and hues of industrial-organic chic over Modernist bones at the energy-efficient SOLAR UMBRELLA HOUSE

By Deborah Snoonian　徐迪彦 译　孙田 校

加利福尼亚州事务所皮尤+斯卡尔帕（Pugh+Scarpa）之所以博得声名，是因其从不相信"可持续设计"只是一套自相矛盾的说辞。事务所过去一系列的实验作品都是既环保又美观，既有把敏感日光的板材用作建筑立面的大手笔，也有把压扁的汽水罐头做成室内家具的小机巧。而"太阳伞小屋"（Solar Umbrella House）的完成，则标志着事务所的两位主要负责人，同为美国建筑师协会会员的安杰拉·布鲁克斯（Angela Brooks）和劳伦斯·斯卡尔帕（Lawrence Scarpa）竖立起了他们职业生涯中的一座里程碑。这对恩爱深笃的夫妇，把他们栖居的小家建造得有如他们所有其他作品那样深具环境意识，从而将此生的事业和个人的生活方式天衣无缝地糅合在了一起。

从形式上来说，这座小屋受到了保罗·鲁道夫（Paul Rudolph）1953年创作的作品"伞屋"（Umbrella House）的直接影响。"伞屋"位于佛罗里达州的萨拉索塔（Sarasota），因安装木制棚架为建筑物挡开了灼热的阳光而独见特色。而在加利福尼亚州的威尼斯（Venice），布鲁克斯和斯卡尔帕扩建了一所旧房屋，并给它装上了一个天篷，既能遮蔽阳光，又可供给能源。它那现代化、折衷主义、显得质朴随意的气质，则更是地地道道的加州风情。

房屋初建于20世纪20年代，是威尼斯典型的紧凑型地块上常见的那种一层平房式住宅。虽然这个子遗下来650ft²的灰泥结构仅仅提供了一些生活的必需空间——一间厨房、几间餐厅兼起居室、两间卧房和一间卫生间，然而它位处一条41ft×100ft狭长形地块的北端，因此有足够的余裕可以向南拓展。

1997年，布鲁克斯和斯卡尔帕买下了这栋平房。在设计扩建以前，先对它进行了一番彻底的翻新，以令它宜于居住。地块的长条形状给了建筑师改变房屋朝向的可能性，利于捕捉南加利福尼亚州充沛的阳光。在房屋的南端，他们加建了一个2层、通风的竖立混凝土结构，在里面划分了起居室、主套房和组合式卫生及家居用品间。由89片太阳能板材嵌入格栅构成的半透明天篷——即"太阳伞"——包裹着这个加建结构的屋面和西立面。这项"太阳伞"相当于一个4kW的发电机组，全部的家庭用电几乎都可从它获取。此外，在没有对原平房造成过多改变的情况下，建筑师卸除了南墙，取消了原来的一个起居室，扩大了厨房和餐厅，并把原来的一间卧室改成了书房。

项目： 太阳伞小屋，美国加利福尼亚威尼斯

建筑师： Pugh+Scarpa—Angela Brooks, AIA; Lawrence Scarpa, AIA; Ching Luk; Silke Clemens; Vanessa Hardy; Katrin Terstegen; Gwynne Pugh, AIA; John Ingersoll, design team

工程师： Gwynne Pugh (结构，市政); John Ingersoll (可持续性)

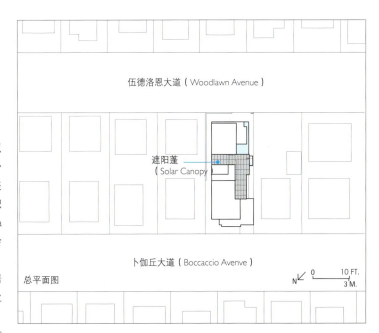

由于朝向变更，进入房屋就须经由另一条全新设置的线路。在加利福尼亚州的建筑传统里，这种线路往往起到混淆室内外空间界限的作用。出于隐私的需要，建筑师给门前新铺设的草坪围上了一堵钢筋混凝土墙。大门敞开，便露出一方浅浅的现浇混凝土水池，池水满溢而出，注入一个小小的水塘，塘水看似一直没入了屋子的下方，其实却只是环绕着它的周边流淌。经过门口擦鞋的地垫时一个巧妙的转折，空间紧凑，矩形混凝土步石，仿佛睡莲叶子，通往前门。

通透、分层和过滤的设计基调贯穿了整个房屋的角角落落。站在前院，一眼就能望穿到庭院的尽头。天窗和气窗把盎然的阳光引进室内，连一些平时很少会去到的地方也一样照得亮亮堂堂。南立面上一个用工业扫把头做成的奇特屏风不仅令墙面更加厚重稳固，而且看起来也更加柔和，并且把光线筛到了二楼的露台上。扩建部分竖直的混凝土厚板应该是受到了鲁道夫"伞屋"上玻璃

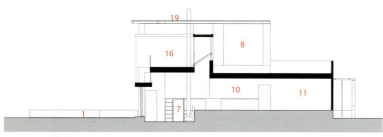

A-A剖面图

二层平面图

首层平面图

1. 混凝土/钢墙体
2. 水池
3. 露台/植物园
4. 水塘
5. 前院
6. 前入口
7. 起居室
8. 卫生间
9. 洗衣房
10. 厨房
11. 餐厅
12. 卧室
13. 书房
14. 壁橱/储藏室
15. 车棚
16. 露台
17. 屋面
18. 天窗
19. 遮阳天篷

房屋的起居室和前院被处理成一个连续的整体空间（对页图）。推开移门，起居室的两个台阶正好可以当成是个随意的坐处。除了头顶上的那顶遮阳篷，还有一架屏风也为露台挡开了强烈的日光。它看起来很像是用动物身上刚硬的毛做成的，实际上却是使用了工业扫把头。扩建部分和前院的围墙则都采用了混凝土和清洁饰面的锈蚀钢板

建筑师们理顺了平房的原入口（下左图），推倒了其南墙（下右图），以使住宅向南延伸。南立面的构图（右图）平衡了虚与实。位于伍德洛恩大道前锋的这个立面，亦难以让人分辨内与外

穿孔钢板制成的楼梯看起来轻若无物（右下图），这样就把光线都过滤到了上面的露台，并且让走楼梯的人觉得好像在爬上睡觉的阁楼。这道楼梯实际上是通向主套房（左图）的。主套房的家具以定制为特色，包括MDF橱柜和石灰华的卫浴设备。餐厅的桌椅（左下图）和起居室内色彩温馨、触感舒适的沙发（右下图）都是斯卡尔帕亲自设计的。建筑师巧妙地在内置式书架（对页图）后面嵌入了一个组合起来的卫生及家庭用品间，而书架之一又可兼作一扇门

格子的启发，像是给房子做了一件妙趣横生的三维外套，却又根本遮不住屋子里面的内容。因此，从外部看起来，室内和室外的空间简直无法区分开来。

踏入屋内，首先到达的便是高敞的新起居室。起居室的南墙是一扇可滑动的玻璃门，通往一片小型的野牛草草坪。草坪的另一头遍植红丝兰、小无花果等耐旱的花木，形成了一道美丽的风景。草皮下有一口井，虽无井水，却能收集起日常使用过或流失掉的各种水，转而浇灌植物，因此也免去了人工灌溉的工序。虽然院子本身在构造上已经十分有意思，但如果等到花叶蔓蔽，冲淡钢筋混凝土围墙固有的生硬感之后，它无疑会变得更加令人赏心悦目。

这间起居室的美学效果可以概括为"有机——工业"味儿，这是因为在现代化的建筑骨架上叠加的却是色彩绚烂、富有亲和力的材料，例如混凝土地板的有些部分覆盖着的蓝色蓬松的地毯。壁炉转角处覆层采用的铜和内置式书架采用的樱桃木则更丰富了建筑的材料种类。

在起居室，除了上楼，并无其他的通路。楼梯是用穿了孔的钢板制成的，样子看起来很是单薄，走上去甚至会有些摇摇晃晃的感觉。上了楼梯，就可以到达主套房，或者去往房屋的后部，也就是原来平房的部分。在那里，这对建筑师夫妇没有采用硬木，而是使用了一种从碎木再生加工而来的有向纤维板（oriented strand board）来铺覆地板。手砂Homasote纸板覆盖了一些墙面，儿子的浴室则以草绿色瓷砖来提升亮度。

在整个方案中，太阳能天篷是最全能的一个角色，兼有形式、表现、功能等多重意义。由于太阳能利用的折扣和税收激励政策，天篷的造价缩减为3.6万美元，差不多是原价的一半。分期付款，7年即可偿清。布鲁克斯还像个宗教徒似的把家庭的能源使用全都记录在一个旧笔记本上。由于"太阳伞"在发电的同时，本身还会损耗掉许多电能，夫妇两个也正在寻找着尽可能降低这种能耗的途径。

如果说在房屋的某些区域，尤其是原来平房的部分，色彩、材料和质感的繁复铺陈令人产生迷乱的感觉，那么这正好再次说明了布鲁克斯和斯卡尔帕喜爱从大自然中汲取灵感的特点。譬如森林，乍看之下也会觉得似乎杂乱无章，然而渐渐地就能看出它十分有效，甚至可称得上具有颇为理性的潜在秩序。如果用这种眼光去观察，那布鲁克斯和斯卡尔帕的整个项目，包括庭院和一切的一切，都可以看作是一片野花芳草地的比拟，随着太阳位置的变化，朝夕变幻，季季不同，把许多属于辅助性质的材料都效率极高地整合起来了。一言以蔽之：各尽其用。

籍由这个项目，皮尤+斯卡尔帕事务所向前迈出了一大步。它是在庄重地表述一种可持续化设计的新语言，避开上世纪70年代的生态设计理论经不起推敲的陈腔滥调，也不附和以诺曼·福斯特（Norman Foster）为首的与之截然相反的生态-技术模式，即完全依赖计算机分析来达成环境目标。阳光伞小屋成功地将有机气息、强硬的棱角分明的形体和现代主义混凝土、钢铁、玻璃的材料铁三角结合在一起。它是可持续设计领域的一项重要成就，证明着它的所有者反复强调的那句话——形式本身就可以是绿色的。■

材料/设备供应商
太阳能板：BP Solar
辐射供暖：InFloor
移窗、平开窗、移门：Fleetwood
玻璃：PPG
天窗：Bristolite
混凝土楼板：L.M. Scofield
有向纤维板：Louisiana Pacific

缓慢而稳定萌芽的屋顶
Rooftops Slowly, but Steadily, Start to Sprout

由于新的研究成果对其环境效益的认可以及相应鼓励政策的急增，新的屋顶技术开始在北美扎根

By Joann Gonchar, AIA　钟文凯 译　孙田 校

建筑物顶部种植物并不是什么新概念。从传说中的巴比伦空中花园，到斯堪的纳维亚以及美洲大平原上的殖民者们居住的草皮覆盖的乡土建筑，再到覆土建筑，绿色屋面有着众多的先例。

今天，尽管在北美还远算不上是建筑常规，种植屋面却在逐渐普遍起来。越来越多的研究成果支持绿色屋面与我们的气候相适应的观点。一个合理铺设的绿色屋面能够减少暴雨水径流，提供隔热和隔声的保护层，并为鸟儿和昆虫的生存创造栖息地。绿色屋面组成的网络能够减轻城市的热岛效应。根据以推广此项技术为己任的非赢利性工业协会"健康城市的绿色屋面"（Green Roofs for Healthy Cities）的统计，去年在北美建成了大约250万ft²的绿色屋面，比2004年增加了72%。

当代的绿色屋面，也被称为生态屋面（eco roofs），根植于一种经过30多年的尝试逐渐发展起来的德国技术。尽管市场上存在着多种不同的系统及相互组合的可能性，绿色屋面通常自上而下由以下部分组成：植被、轻质生长基质、排水和蓄水层、根须隔离层和防水薄膜。

绿色屋面通常分为两种类型：粗放型（extensive）和加强型（intensive）。粗放型绿色屋面的特点是重量轻，仅需3~4in（1in = 0.0254m）厚的土壤。上面种植的通常是生命力强、耐旱的植物，只需要极少的养护或浇灌。

随着土壤层加厚，加强型绿色屋面可以支持更多的植被类型，比如花卉、灌木，甚至小树。这些系统可以用来创造出景观优美、花园般的环境，然而加强型绿色屋面需要更多的人工养护，比如浇灌、施肥、除草。设计师们同时必须考虑更深的土壤层和更复杂的植被给建筑物结构系统带来的更大屋顶重量。

胡萝卜加大棒

绿色屋面的推广更多地出现在对其使用实行优惠政策和鼓励措施的辖区。模数制种植屋面系统的生产厂家"绿色网格"的商务团队领导桑德拉·麦卡洛（Sandra McCullough）说："大约75%的市场

关于本文及相关信息、白皮书和产品的链接，请访问
www.architecturalrecord.com

得益于今年初通过的当地决议，迈克尔·格雷夫斯的波特兰市政厅很快就会拥有一个绿色屋面。政府部门将监测这套装置对于缓解雨水流失的效应

是由法规驱动的，但我认为这将随时间而改变。"

根据"健康城市的绿色屋面"协会的统计，芝加哥市的建筑业主们所种植的绿色屋面面积连续两年在北美的所有城市中居首位。该市的绿色项目主管迈克尔·伯克希尔（Michael Berkshire）称共有250万ft²的绿色屋面正处于设计、施工或者安装阶段。

不足为奇的是，芝加哥市采取了一系列积极的措施，目的是为了促进绿色屋面和其他可持续性建筑实践的推广。自从2000年在市政厅铺设2.03万ft²的绿色屋面以来，芝加哥市建立了以增加建筑密度作为对安装绿色屋面的建筑业主进行奖励的优惠政策，并要求所有接受公共援助以及由规划部门审批的建筑项目都必须使用绿色屋面。今年初夏，市政委员会通过了给安装绿色屋面的市中心建筑物提供高达10万美元的对等资金的法案。伯克希尔说："我们的方法是胡萝卜和大棒相结合。"

绿色屋面的发展在华盛顿特区范围内的多个社区也进行得相当出色。一些业内人士将该区域对于绿色屋面的需求归因于联邦总务署（GSA）在当地的影响力，以及对可持续性建筑实践的支持和对其下属设施根据美国绿色建筑委员会（U.S. Green Building Council）的标准进行的LEED（能源和环境设计先锋奖）资格认证。LEED认可绿色屋面是对雨水进行流速和流量控制的一种手段。"健康城市的绿色屋面"总裁史蒂文·佩克（Steven Peck）说："在华盛顿特区，联邦总务署拥有大量的公共用地，并且说到做到。"

霍华德·休斯医学院研发园

霍华德·休斯医学院正在弗吉尼亚州的劳登县建造一座由18万ft²的绿色屋面覆盖的研究中心,预计将在九月份建成开放(左图)。办公室和会议室组团形成弧型的景观台地的外沿。无需自然采光的辅助空间,例如中央设备用房和停车场则远离台地的边缘

ARCHITECTURAL TECHNOLOGY 建筑技术

北美绿色屋面十大城市(2005年)*	
1. 芝加哥,美国	295,600 ft²
2. 华盛顿特区,美国	206,900
3. 休特兰(Suitland),美国马里兰州	205,000
4. 阿什本(Ashburn)美国弗吉尼亚州	120,000
5. 纽约市,美国	119,895
6. 库尔佩珀(Culpeper),美国弗吉尼亚州	100,000
7. 奥斯汀,美国得克萨斯州	97,384
8. 阿灵顿(Arlington),美国弗吉尼亚州	96,768
9. 得梅因(Des Moines),美国艾奥瓦州	94,750
10. 渥太华,加拿大安大略省	84,600

*代表"健康城市的绿色屋面"机构成员报告的2005年绿色屋面安装情况。

由于芝加哥市推行多种鼓励绿色屋面和可持续性建筑实践的政策,该市的建筑业主们所安装的绿色屋面面积在2004年和2005年连续两年在北美的所有城市中居首位

渲染图:© RAFAEL VIÑOLY ARCHITECTS

源于联邦净水计划、为保护切萨皮克湾(Chesapeake Bay)生态环境而建立的地方法规对于绿色屋面的区域发展也起到了促进作用。据切萨皮克湾联盟的政策与环保负责人帕特·德夫林(Pat Devlin)称,在湾区分水岭地带的许多市镇,绿色屋面被认为是雨水控制的可行措施。

最近完工的一项联邦总务署工程是造价6100万美元、国家海洋与大气署(NOAA)设于马里兰州休特兰市(Suitland, Maryland)的卫星控制中心,该中心拥有东海岸面积最大的绿色屋面。由莫尔菲锡斯建筑师事务所(Morphosis)和艾因霍恩·亚菲·普雷斯科特(Einhorn Yaffee Prescott)设计的地上建筑内安放着卫星控制器材,有约7万ft²的常规屋面。然而,该中心的主体、面积14万ft²的办公空间却隐藏在草坡的下面。庭院和天窗将自然光线带进室内空间。

据该项目的市政工程师、A.莫顿·托马斯及合伙人(A. Morton Thomas & Associates)的马克斯·康特泽(Max Kantzer)介绍,国家与海洋大气署基地上多为可渗透的地表,能够降低雨水流失的速度和总量,也有助于从雨水中过滤掉有害的溶质和养分。基地上仅需极少的雨水控制设施,例如小型的蓄水池和草地边缘的浅槽。他说:"绿色屋面减少了基地上所需的雨水处理,并且为水质控制作出了积极的贡献。"

该区域另一计划中的项目将会拥有一个甚至更加庞大的绿色屋面。霍华德·休斯(Howard Hughes)医学院正在弗吉尼亚州的劳登县(Loudoun County)建造一座由拉斐尔·维诺利(Rafael Viñoly)建筑师事务所(RVA)设计的研究中心。办公室和会议室组团被排布在由18万ft²的绿色屋面覆盖的弧型台地中,间以室内庭院。无需自然采光的辅助空间,例如300车位的停车场和中央设备用房,也同样隐藏于绿色屋面之下,但却远离台地的边缘。

RVA副总裁、AIA会员杰伊·巴格曼(Jay Bargmann)说,霍华德·休斯中心的屋面将比传统的草坪吸纳更多的雨水,同时因为采用了特制的排水设备和种植基质而无需对流失的雨水作进一步的

Architectural Record Vol. 3/2006 建筑实录年鉴 71

南环路Target商店的绿色屋面安装

芝加哥市有一套刺激绿色屋面发展的积极政策,绿色屋面已被安装在芝加哥的办公塔楼、多家庭居住建筑和商店的顶部,包括城市南环路上Target商店的屋顶(左图)

国家海洋与大气署

在国家海洋与大气署设于马里兰州休特兰市的卫星控制中心(下图和底图),安放卫星控制器材的建筑物用常规屋面,但是该中心的主体、面积14万ft^2的办公空间却隐藏在草坡之下

去污处理。通常认为合成屋面的流失系数为0.95,换言之,落在普通屋面上的雨水有95%要流走,因此必须通过建筑物排水系统的设计来进行处理。相比之下,传统的草坪或草皮被认为具有0.35的流失系数,而霍华德·休斯中心的景观屋面则是0.25。但是巴格曼指出,绿色屋面还有其他虽不显而易见但却更加重要的优点。他说:"这个项目为在郊区环境里保留开敞空间树立了榜样。"

在太平洋沿岸的美国西北部,迈克尔·格雷夫斯(Michael Graves)设计、完工于1982年的波特兰市政厅正在安装一个中等规模的绿色屋面。由麦克唐纳(Macdonald)环境规划公司设计的粗放型系统面积为1.82ft^2,将种植多种类型的景天属和草本植物。这项工程是由市政委员会在年初通过的一项决议所催生的。决议要求新的市政建筑在可能条件下都采用绿色屋面,现有建筑在进行屋面更新时也一样。

波特兰市政厅将安装一套监控系统以测量屋面对缓解雨水流失的效果。市政官员们希望通过数据的收集以及近几年在另外四个绿色屋面进行的监测来对各种鼓励措施的条件作进一步的调整,目的是促进该技术的推广。该市的环保专家汤姆·利普坦(Tom Liptan)称,至今为止的结果显示绿色屋面的安装缓解了30%~60%的流失总量,取决于种植基质的厚度、成分以及植被的种类。

波特兰市以增加建筑容积率的方式奖励在市中心安装绿色屋面的建筑业主。自从在2001年开始实施以来,大约有12个项目利用了这一政策优势。利普顿说:"我们正在开始评估如何优化容积率的奖励,或者研究政策去鼓励绿色屋面在城市其他区域的发展。"

绿色屋面的鼓吹者们认为必须通过奖励措施来抵消增加的费用。据西雅图的咨询公司马格努森·克莱门西克事务所(Magnusson Klemencic Associates)的市政工程总监鲁·冈尼斯(Drew Gangnes)估计,即便是最功利主义的粗放型系统也会增加每平方英尺7~10美元的屋面造价。

一些辖区允许绿色屋面替代其他雨水处理措施。然而,即使免除地下蓄水池的修建也仅能挽回屋顶造价增幅的30%~70%。冈尼斯说:"既然产生了公共效益,那么政府就应该提供奖励。"

冈尼斯的公司,联同一家施工单位和几家本地开发商,正在

绿色屋面评估项目

一个西雅图的研究项目正在跟踪五处绿色屋面测试点的天气和雨水流失数据（下图所示为一个经典型测试点）。每个测试点采用如图所示的绿色屋面系统的不同变体，区别介质厚度等指标。在相同条件下，各测试点的表现不同（右图）

气象站测量数据
1. 太阳辐射
2. 风速
3. 降雨量
4. 湿度和温度
5. 土壤温度

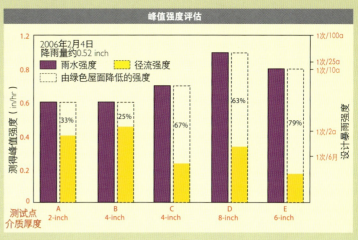

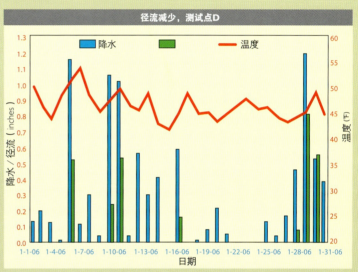

西雅图试点之一（上图）的数据显示，即使在连续的暴雨之后，绿色屋面通常还是能够减轻至少部分雨水的流失

监测于2005年2月安装在西雅图地区的四幢现有建筑物顶部的五处绿色屋面试点的成效。每处8ft×12ft的试点采用的是不同的专利系统，有着不同的种植基质厚度和成分，以及不同的植被种类。至今为止所收集的数据显示，即使在气候湿润的西雅图，绿色屋面也是一种行之有效的雨水处理手段。即使在连续的暴雨之后，试点屋面仍然能够在足够长的时间内承载雨水，使之从土壤挥发，或者通过一种称为蒸腾作用的过程从植物上蒸发出去。

一些研究人员正在开发具有预见性的模拟工具，以帮助设计师和业主们根据单体建筑的具体特征来计算绿色屋面的蓄水和持水能力。纽约的一所非赢利性环境组织"地球誓言"（Earth Pledge）正在研发这种工具。这一方法同时具有宏观预测能力，使城市规划师和政府领导们能够评估绿色屋面在特定下水道分区和直接资源范围内的整体效应。执行总监莱斯利·霍夫曼（Leslie Hoffman）说："这是一种有助于识别绿色屋面将带来最大效应社区的政策制定工具。"

毒性鸡尾酒

"地球誓言"正在研发的一种模型特别适用于下水道系统老旧、超负荷的城市，这些综合下水道通常既排洪又排污。例如，纽约下雨时，多半会使未经处理的污水和雨水流量超出系统的极限。这种情形称作"综合下水道溢流"（CSO），会造成毒性秽物直接扩散到城市周围的水域。

"地球誓言"至今为止已根据建筑物数据、用地特征和基础设施信息建成曼哈顿下区的一个下水道分区的模型。如果研究范围内的所有建筑都安上绿色屋面，该模型预测"综合下水道溢流"的总量将减少34%。"地球誓言"称，由于所选下水道分区的地表在很大比例上都是不可渗透的，"综合下水道溢流"出现的次数将难以降低。该组织希望将此模型提供给其他城市，并综合当地的降雨和基础设施数据。

雨水处理模型是"地球誓言"更大的绿色屋面计划的组成部分。一年前，该组织在纽约皇后区长岛市（Long Island City, Queens）的银杯制片厂（Silver Cup Studios）安装了面积3.5万

三种绿面图景

年综合下水道溢流总量减少之百分比

"地球誓言"的雨水处理模型

预见性模拟工具可以帮助分析整个社区内的绿色屋面网络的综合效应。总部设在纽约的环境组织"地球誓言"正在研发一种模型,能够被用来评估绿色屋面发展对雨水处理的城市基础设施的影响。该模型显示,如果给曼哈顿下区的一个下水道分区内的建筑都安上绿色屋面,综合下水道溢流的总量将减少34%

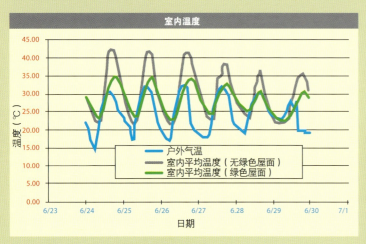

室内温度

宾夕法尼亚州州立大学的绿色屋面研究中心

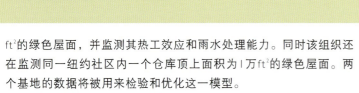

在宾夕法尼亚州州立大学绿色屋面研究中心(右图)进行的试验显示,绿色屋面在夏天可以给建筑物降温(上图),因此有助于节约空调费用。这一策略的效果在制冷季节较长的地域尤为显著

ft^2的绿色屋面,并监测其热工效应和雨水处理能力。同时该组织还在监测同一纽约社区内一个仓库顶上面积为1万ft^2的绿色屋面。两个基地的数据将被用来检验和优化这一模型。

雨水处理问题并不是目前绿色屋面研究和模拟的惟一领域。正在宾夕法尼亚州州立大学(PSU)绿色屋面研究中心开展的课题之一是绿色屋面的蒸发冷却作用在缓解城市热岛效应方面的潜力。宾夕法尼亚州州立大学的设施由六个可以加热和降温、看起来像是由花园棚屋的木框架建筑组成。据园艺学副教授罗伯特·D·伯盖奇(Robert D. Berghage)解释说,其中三个建筑有绿色屋面,另外三个有作为实验参照的常规屋面。他跟踪实验建筑的屋面气温,然后通过建模来决定在城市尺度上的影响。

布拉德·巴斯(Brad Bass)是多伦多大学环境中心的兼职教授,他研发了一种可以预测绿色屋面能为单体建筑节省多少耗能的模拟工具,把当地的气候数据、建筑物形体和区域施工常规等因素都考虑在内。然而一些研究人员告诫,在需要制冷的季节较短的气候条件下,仅仅把绿色屋面作为节能手段对于建筑业主来说可能并不划算。

宾夕法尼亚州州立大学的实验证明了绿色屋面的绝缘性能确实能够减少热工负荷,因此有助于节约空调费用。然而,伯盖奇认为绿色屋面在冬天也会阻挡有利的热量。但他同时指出,绿色屋面的使用在制冷季节较短的气候条件下依然是有优势的。大范围采用绿色屋面的措施可以在设备负载处于高峰期的夏季削减能源消耗,从而减少了对生产能源的基础设施进行扩充的需要。"虽然这一点不能直接转化为个体业主的利益,但是却具有社会效益。"■

产品 Products

绿色选择 Green Options

本文重点是可持续性建筑设计的新产品，从**节能空调**系统到美观的有向纤维板（OSB）
This month's focus is on new solutions for designing sustainable buildings—from an **energy-saving air-conditioning** system to good-looking OSB panels. Rita Catinella Orrell

By Rita Catinella Orrell　钟文凯译　孙田校

色彩鲜艳、完全用回收塑料制成的耐碰撞板材

今年，与其他多种生态树脂类新产品一起，3form公司推出"百分百"（100 Percent），一种完全以使用后回收的高密度聚乙烯（HDPE）制成的新型可持续性材料。HDPE通常用回收的洗洁精、洗发液、牛奶、化妆品瓶子生产而成。3form公司与一家废物回收公司联手，发明了一种尖端的筛选和净洁技术，先根据颜色对废物进行分类，然后像洒碎纸一样将压缩的色素颗粒喷射到板材上，形成漂亮的色彩组合。在盐湖城该公司本部工作的240名员工也加入到了废物回收的行列，甚至把自己家里通常会被运送到亚拉巴马州回收站的废品也带回公司。"百分百"板材能抗紫外线，防化学侵蚀，适用于需要耐碰撞的环境，例如洗手间隔墙、教育和医疗卫生设施，以及户外场所。"百分百"有四种基本颜色，板材尺寸为

从左下角开始顺时针方向：碎纸般的回收颗粒；各种颜色的"百分百"板材；回收瓶子的样品

4ft×8ft，厚度为1in。颜色图案可以根据设计指定的需要进行变化，取决于能否找到具体的回收品内容。

3form公司，盐湖城。www.3-form.com

产品 绿色选择

日光控制家族的最新成员

尼桑（Nysan）分部引进了"绿色幕帘生态纤维"，这一"绿色幕帘"家族的最新成员是不含聚氯乙烯（PVC）的遮阳纤维品，专门为室内外的卷轴式遮阳和日光控制系统而设计。纤维品由预先张拉的聚酯纤维制成，有3%的开孔率和五种颜色。定制的双色产品允许更大程度的隔热控制，具有减少眩光、对外可视性的特点。

亨特·道格拉斯公司（Hunter Douglas Contract），上马鞍河（Upper Saddle River），新泽西州。
www.hunterdouglascontract.com

可持续性"新木种"

英国巨木公司（Titan Wood）的阿柯亚（Accoya）产品，是一种通过拥有专利权的乙酰化过程，由可再生森林的软木和不耐久的硬木转化而成的木制品，其耐久、尺寸稳定、无毒和百分之百可回收的特点使它可以在户外应用方面成为热带雨林硬木、杀生物剂处理过的木材以及人工合成材料的替代品。该公司目前正在就海外发行权进行谈判，预计阿柯亚将于明年在美国面市。

巨木公司(Titan Wood)，厄尔斯顿(Earlston)，英国。
www.titanwood.com

易于安装的绿色屋面系统

"韦斯顿解答"（Weston Solutions）的子公司"绿色网格"（Green-Grid）推出了一款新的自建型（DIY）绿色屋面系统，是住宅和小型商业建筑的理想选择。"绿色网格"的自建设备包括2ft × 2ft × 4in的模件，"绿色网格"配方的特制土壤基质，以及无需养护、耐旱的景天属植物。在土壤基质和植物装入模件以后，这些单元可以被直接安装在现有屋顶上面。尽管系统很轻，但还是应该检查屋顶的结构完整性，确保能够承受增加的重量。"韦斯顿解答"，芝加哥。www.greengridroofs.com

夜间制冷

去年6月，纽约州、郡政府的官员们向摩根·斯坦利（Morgan Stanley）公司颁发了一张金额为30万美元的礼仪支票，以鼓励该公司在珀切斯（Purchase，一个纽约以北的镇）的设施中安装了大都会地区最大的冰库式空调系统。这种由特雷恩（Trane）公司提供的系统在夜间的用电低谷时段制造冰块，用于第二天用电高峰时段的制冷。该系统预期将使设施在高峰期的能源使用降低740kW，使总用电量减少90万度，使基地上的总燃料消耗减少15000百万英热单位[1英热单位（Btu）=1055.06焦耳（J）]。

特雷恩公司，长岛市（Long Island City），纽约。www.tranenewyork.com

减少气味和挥发性有机物（VOC）

舍温-威廉斯（Sherwin-Williams）的新产品ProGreen 200（左图）是一种价格上相当有竞争力、低气味、低挥发性有机物的涂料，超出了"绿标签"（Green Seal）的GS-11涂料标准。该产品每升50g挥发性有机物的含量符合环保规范，是新商业建筑的理想选择。新上市的另一低气味产品是谢尔温-威廉姆斯的"和谐室内乳胶系列"（Harmony Interior Latex line），具有零度挥发性有机物和抗微生物的特点。

舍温-威廉斯，伯里亚（Berea），俄亥俄州。www.sherwin-williams.com

时尚的有向纤维板（OSB）

在全国最大的零售业交易会"环球商店"（GlobalShop）上夺得"全场最佳产品奖"的"生态肌理"（Ecotextures）建筑板材是用环保的有向纤维板（OSB）精制而成的。具有资格认证、可迅速再生的原木被加工成为耐久、抗收缩的材料，最适用于木厂制成品、特色墙体、柱子外表面、固定设备和家具。"生态肌理"设计加工成多种板材尺寸和四种互相交错、表面平整的图案。除了未经加工、可在现场染色的自然材质以外，另有四种颜色可供选择。板材生产过程中不使用脲醛树脂。

建筑系统(Architectural Systems)，纽约。www.archsystems.com